KB105589

씽킹 다이어리

C 프로그래밍으로 가는 여행

Thinking Diary

권은경 지음

ITC
INFO-TECH COREA

차 례

Part 01

프레임

Part 02

구조

Part 03

배열

Part 04

함수

Part **05**

구조체

Part **06**

포인터

늘 새로움을 꿈꾸며...

'즐겁게 여행하듯 프로그래밍을 배울 수 없을까?' 이 책은 이런 고민에서 시작되었다. 프로그래밍을 배우면서 아래와 같은 경험들이 있거나 처음으로 입문하는 사람들이라면, 이 책이 즐거운 프로그래밍 여행을 위한 충실한 길잡이 역할을 해줄 것으로 생각한다.

아래의 설명이 자신의 입장이라면 이 책을 읽어보기를 권한다.

- ✛ 한 학기 수업이 모두 끝났는데 반복문에 대해서도 자신이 없다.
- ✛ 설명을 아무리 들어도 프로그래밍 개념을 제대로 이해하기 어렵다.
- ✛ 시중에 나온 대부분의 책이 혼자서 학습하기에 너무 어렵다고 느낀다.

이 책의 특징은 다음과 같다.

- ✛ C언어뿐만 아니라 다른 언어를 손쉽게 익힐 수 있는 기본을 담았다.
- ✛ 순서도의 예제를 다양한 일상의 소재로 선택하여 흥미를 유도하려고 하였다.
- ✛ '쉽게' 배울 수 있도록 순서도를 필요한 부분에 함께 설명하였다.
- ✛ 기존 교재들처럼 문법을 순차적으로 나열하지 않았다. 대신 기본 원리의 충분한 습득을 위해 중요한 부분에 대해서는 자세히 설명하였다.

이 책이 완성되기까지 힘써주신 ITC 식구들에게 감사드리고, 초기에 컨셉을 잡는 데 도움을 준 장영하 선배와 마무리할 때 다양한 조언을 해준 김문정 후배에게 고마움을 전한다. 많은 독자들이 이 책과의 만남을 통해 프로그래밍을 새로운 시각으로 바라보는 계기가 되면 좋을 것 같다.

우리 가족 어린왕자, 열혈소녀, 판타스틱 그리고 행복천사(나)는 늘 새로움을 꿈꾼다.

2008.2.27
계원 보금자리에서

이 책의 구성

이 책은 크게 아래의 다섯 범주로 한 장이 구성되어 있다. 아래는 각 카테고리에 대한 설명이며, 각 장에서 '확인'과 '활용' 카테고리는 내용에 따라 생략되기도 한다.

개념 → 확인 → 활용 → 핵심정리 → 문제

개념: 어디서부터 출발하는지 서서히 원리를 풀어나갈 수 있도록 기본 개념을 설명한다.

확인: 개념의 이해가 성글게 된 상태에서 부족한 부분을 예제나 비교 설명을 통해 보충한다.

활용: 가벼운 응용이나 복잡한 활용 사례를 추가한다. 그러나 개념 이해가 부족한 경우는 이해하기 어려울 수도 있다. 그럴 때는 건너뛰거나 다시 개념 부분을 복습하고 시도한다.

핵심정리: 중요 사항을 정리하여 다시 한번 복습한다.

문제: 단순한 문제들로 자신의 이해 정도를 확인한다. 그러나 여러 가지 유형의 문제로 훈련하면서 다지는 작업은 여기에서 포함되지 않는다.

다음은 책을 구성하는 기타 요소들에 대한 설명이다. 각각의 구성을 파악하고 나면 책의 내용을 좀더 쉽게 이해할 수 있을 것이다

 키워드 ●

프로그램, 컴퓨터 프로그램, 소프트웨어

프로그램이라는 용어는 일상에서도 사용되는데, 그 의미를 살펴보면 우리가 다루고자 하는 컴퓨터 프로그램과 개념적으로 유사하다. 컴퓨터 프로그램이 일상과 그다지 멀리 있지 않음을 항상 인식하기 위해 일상적인 의미와 비교하면서 이해하길 바란다.

:: **프로그램[program]** n. 계획, 예정, 스케줄, 일정, 행사 계획(연극, 음악회, 운동회 등의) 프로그램, 예정표, 계획표, 진행 순서, 차례(plan)

:: **컴퓨터 프로그램[computer program]** 컴퓨터에게 동작과 그 동작을 실행할 수 있는 순서와 방법을 지시하는 명령어의 집합

:: **소프트웨어[software]** 프로그램과 프로그램의 수행에 필요한 절차, 규칙, 관련 문서 등의 총칭. 보통 프로그램과 같은 의미로 쓰임. **시스템 소프트웨어**는 운영체제와 같이 컴퓨터를 동작시키고, **응용 소프트웨어**는 문

[키워드] 일상에서의 용어 정의부터 출발하여 프로그램에서의 의미와 연결시킨다.

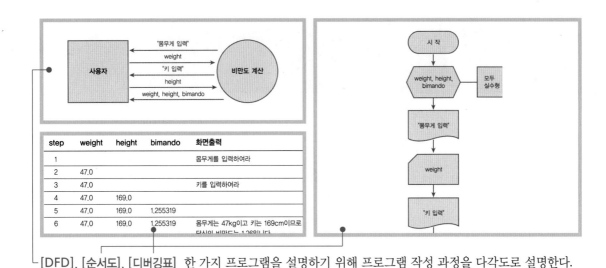

[DFD], [순서도], [디버깅표] 한 가지 프로그램을 설명하기 위해 프로그램 작성 과정을 다각도로 설명한다.

```
int inum /* 정수형 변수 inum 선언 */
double dnum = 3.14; // 실수형 변수 dnum 선언
scanf("%d", &inum); // inum에 입력받음
printf ("This displays %d %.2f", inum, dnum);
```

➔ 실행결과

54
This displays 54 3.140000

➔ 코드설명

입력함수 scanf( )와 출력함수 printf( )의 기본형식은 같음.
팔호 안에 출력할 문자열을 큰따옴표로 묶고, 이어서 변수명을 나열함. 큰따옴표 안에 원하는 위치에 %d 또는 %c 등을 넣음.

[소스, 실행결과, 코드설명]
소스와 실행결과, 필요하면 코드에 대한 간단한 해설을 덧붙인다.

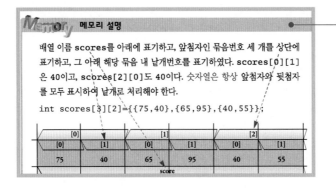

메모리 설명

배열 이름 scores를 아래에 표기하고, 앞첨자인 묶음번호 세 개를 상단에 표기하고, 그 아래 해당 묶음 내 낱개번호를 표기하였다. scores[0][1]은 40이고, scores[2][0]도 40이다. 숫자열은 항상 앞첨자와 뒷첨자를 모두 표시하여 낱개로 처리해야 한다.

```
int scores[3][2]={{75,40},{65,95},{40,55}};
```

[0]		[1]		[2]	
[0]	[1]	[0]	[1]	[0]	[1]
75	40	65	95	40	55

score

[메모리] 전체 메모리에서 부분적으로 따와서 사용한다. 메모리 표현 규칙을 우선 이해할 필요가 있다.

주의사항

작업폴더에서 파일을 읽고 쓰기 때문에 작업폴더가 어딘지 궁금하면 다음과 같이 진행한다. 좌측 Workspace창 이동 → 하단 FileView → 소스파일이름에서 마우스 오른쪽 버튼 → Property 선택

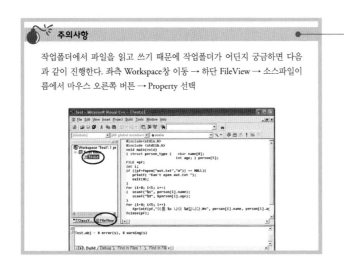

[주의사항] 주의사항 또는 팁에 해당하는 보충 설명을 제시한다.

씽킹 다이어리 C 프로그래밍으로 가는 여행

Let this book change you
and you can change the world!

사람들을 밤늦도록 안 재우고 또 이른 아침 깨우는 것도 바로 **열정**이다.

사람들이 인간관계에 결핍감을 느끼고, 이를 더 구하게 만드는 것도 바로 **열정**이다.

열정은 인생에게 힘과 진액 그리고 의미를 준다.

운동선수, 예술가, 과학자, 부모 또는 사업가 중

그 누구도 크게 되고자 하는 **열정** 없이는 성공해서 위대해질 수 없다.

_안소니 로빈스《Unlimites Power》중에서

Part 01

프레임

프로그래밍 절차

 키워드

프로그램, 컴퓨터 프로그램, 소프트웨어

프로그램이라는 용어는 일상에서도 사용되는데, 그 의미를 살펴보면 우리가 다루고자 하는 컴퓨터 프로그램과 개념적으로 유사하다. 컴퓨터 프로그램이 일상과 그다지 멀리 있지 않음을 항상 인식하기 위해 일상적인 의미와 비교하면서 이해하길 바란다.

- **프로그램[program]** n. 계획, 예정, 스케줄, 일정, 행사 계획(연극, 음악회, 운동회 등의) 프로그램, 예정표, 계획표, 진행 순서, 차례(plan)

- **컴퓨터 프로그램[computer program]** 컴퓨터에게 동작과 그 동작을 실행할 수 있는 순서와 방법을 지시하는 명령어의 집합

- **소프트웨어[software]** 프로그램과 프로그램의 수행에 필요한 절차, 규칙, 관련 문서 등의 총칭. 보통 프로그램과 같은 의미로 쓰임. **시스템 소프트웨어**는 운영체제와 같이 컴퓨터를 동작시키고, **응용 소프트웨어**는 문서 편집기처럼 사용자가 원하는 일을 수행함.

프로그램을 작성하려면 **프로그램 언어**가 필요하다. 프로그램 언어는 알고리즘(문제를 해결하기 위해 정해진 일련의 절차)이나 자료구조(데이터와 데이터 간 관계의 개념적 표현)를 서술하기 위한 임의의 기호로서 영어를 이용한다. 프로그램 언어는 다음과 같이 나뉜다.

- **기계어:** 숫자로 구성 / 기계가 다르면 명령어도 틀림

- **저급 언어:** 어셈블리 언어, 8086 등

- **고급 언어:** 포트란, 코볼, 파스칼, C, 자바, C++, C# 등

- **4세대 언어:** 프로그램의 생산성을 향상시킴. SQL(Standard Query Language) 등

C언어는 DEC PDP-11 기종에서 UNIX의 운영체제를 구현하는 데 사용되었다. Martin Richards가 BCPL이라는 언어를 개발하였고, 이 언어에 이어서 Ken Tompson은 B라는 언어를 만들었다(벨연구소에서 딴 B). B언어는 1970년대에 C언어의 개발로 이어졌다. C언어라는 말은 B언어 다음의 언어라는 뜻으로(알파벳상) 명명되었다.

ALGOL60		CPL		BCPL		B		C
1960	→	1963	→	1967	→	1970	→	1972

개념

프로그램을 작성하려면 다음과 같은 6단계가 필요하다. 간단한 예제를 통해 각 단계별 내용을 살펴보자.

| 문제 이해 | → | 논리 설계 | → | 코 딩 | → | 번 역 | → | 실 행 | → | 활 용 |

1. 문제 이해

"**5년 이상** 근무한 **직원들을 토요일** 저녁식사에 초대하려는데 **명단**이 필요하다"

상사로부터 이와 같은 지시를 받는데, 간단해 보이지만 생각할수록 궁금한 것들이 생긴다.

① 직원의 의미는 정규직과 계약직을 모두 포함하는가?
② 시간제(part-time) 근무자도 직원에 포함하는가?
③ 5년 이상을 계산할 때 오늘 기준으로 해야 하나 저녁식사일 기준으로 해야 하나?
④ 5년 이상을 계산할 때 불연속적으로 합산하여 5년인 경우도 포함하나?
⑤ 명단에는 이름과 부서와 전화번호만 포함하면 되는가?

이럴 경우 상사에게 질문을 해서 문제를 정확히 규정하는 것이 바람직하다. 그러나 상사도 생각해 보지 않은 질문들도 다수 있을 것이다. 결과적으로 프로그래머가 던지는 질문을 통해 문제를 정확히 규정하게 되는 것이다. **훌륭한 프로그래머**는 카운슬러이면서 탐정 같기도 하다. 사용자가 문제를 정확히 인지하도록 도와주어야 하기 때문이다.

2. 논리 설계

어떤 단계로 나누어서 어떤 순서로 처리할 것인가를 계획한다. 이때 순서도를 이용하면 편리하다. **순서도**란 일처리 순서를 약속된 기호로 나타낸 것이다. 순서도의 역할은 상호간의 의사전달을 명확하게 해주고 일처리 과정에 오류가 있거나 변화에 대해서 쉽게 고칠 수 있다. 영어로는 flowchart라고 부른다(2장에서 자세히 다룸). 일상에서도 여행가기 전에 계획을 세우고, 요리를 하기 전에 재료와 순서를 기록해 보는 것과 유사하다.

3. 코딩

선택한 프로그래밍 언어를 이용하여 프로그램을 작성한다. 텍스트 편집기 또는 개발도구를 이용한다.

4. 번역(컴파일)

고급 언어로 쓰인 프로그램을 컴퓨터에서 즉시 실행될 수 있는 형태의 목적 프로그램(기계어)으로 바꾸어 준다. 그 과정에서 구문에러(syntax error)를 발견하면 이를 고쳐 나간다. 문서 편집기(아래아한글이나 MS 워드 등)에서 오타를 밑줄로 표시해 주면 사용자가 고치도록 하는 것과 같은 과정을 거친다. 예를 들어 'The grl went to school'에서 'grl'의 스펠링이 틀린 것을 구문에러로 볼 수 있다. 컴파일, 링크, 빌드 등의 용어를 사용하고, 개발도구의 사용이 필수적이다.

5. 실행

기계어로 만들어진 최종 본을 수행시키는 작업이다. 그 과정에서 논리적 오류(logical error)를 발견하면 이를 고쳐나간다. 일반적인 경우와 특별한 경우를 모두 포함하여 테스트를 해야 한다(소스를 수정하게 되면 앞의 번역단계를 다시 거쳐야 한다). 개발도구를 사용하거나 독립적으로 실행시킬 수 있다.

6. 활용

사용설명서를 제작하여 배포하고 사용자를 교육시킨다. 개발과정에서 만들어진 명세서를 정리한다. 작성된 프로그램이 잘 활용되도록 관리한다.

핵 / 심 / 정 / 리 /

:: **컴퓨터 프로그램:** 컴퓨터에게 동작과 순서와 방법을 지시하는 명령어의 집합
:: **프로그램 언어:** 어떤 알고리즘이나 자료구조를 서술하기 위한 임의의 기호
:: **프로그램 작성단계:** 문제 이해 → 논리설계 → 코딩 → 번역 → 실행 → 활용

문제

1. "5년 이상 근무한 직원들을 토요일 저녁식사에 초대하려는데 명단이 필요하다" 본문에서 제시한 항목 외에 추가적인 질문을 한다면 무엇일까?

2. 계산기 프로그램을 작성하려고 한다. 문제 이해 단계에서 어떤 고민을 해야 할까?

논리 설계: 일반 순서도

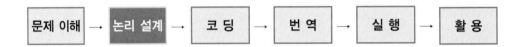

문제 이해 → 논리 설계 → 코 딩 → 번 역 → 실 행 → 활 용

 키워드

논리 설계, 순서도, 순서도 기호

논리 설계란 어떤 단계로 나누어서 어떤 순서로 처리할 것인가를 계획하는 것이다. 이때 글로써 표현하기보다는 순서도를 이용하면 편리하다. **순서도 (flowchart)**란 일처리의 흐름을 기호로 간단하게 나타낸 것이다. 여기에 다음과 같은 규칙과 약속된 기호가 적용된다.

+ 기호의 내부에 처리내용 기록
+ 흐름의 방향은 위에서 아래, 왼쪽에서 오른쪽이 원칙, 이에 반하면 화살표 사용
+ 흐름의 선은 교차시켜도 무방함
+ 두 개 이상의 흐름선이 모여 한 줄로 될 수 있음
+ 기호의 가로/세로 비율은 변형 가능. 단, 즉시 판별할 수 없을 만큼 바꾸면 안 됨

순서도 기호 일부

시 작, 종 료	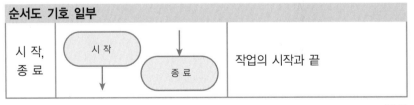	작업의 시작과 끝

(계속)

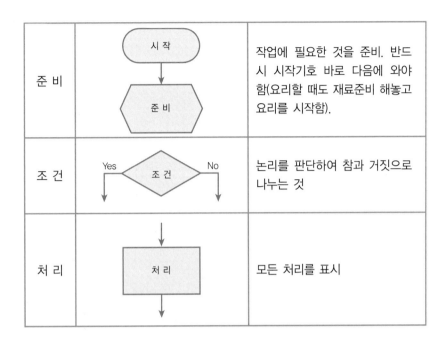

준 비	 시 작 준 비	작업에 필요한 것을 준비. 반드시 시작기호 바로 다음에 와야 함(요리할 때도 재료준비 해놓고 요리를 시작함).
조 건	Yes 조 건 No	논리를 판단하여 참과 거짓으로 나누는 것
처 리	처 리	모든 처리를 표시

개념

순서도를 작성하려면 **주어진 문제를 작은 단위로 나누어 순서대로 나열**하는 첫 번째 단계와 **순서도 기호에 맞추어 표현**하는 두 번째 단계로 나뉜다. 간단한 예제로서 '빵 만들기'를 순서도로 작성해 보자.

1. 작은 단위로 나누기

빵 만들기를 작은 단위로 나누라고 하니까 어떤 학생은 '재료를 준비한다', '빵을 만든다'로 적었다. 이 경우는 나눈 것으로 보기 어렵다. 또 다른 학생은 '무슨 빵인지를 결정한다'라고 적었다. 좋은 생각이지만 문제 이해 단계에 속하므로 순서도에는 포함되지 않는다. '먹는다'라고 적었다면 활용 단계로 보이므로 역시 제외하는 게 좋다. 실제로 '오늘 왠지 빵을 먹고 싶다'라고 적은 학생도 있었는데 이것 역시 처리할 일은 아니다. 오류가 어떤 것인지 경험하기 위해 약간 이상하게 적어보았다. 여기서 오류를 각자 찾아보자(아래에 오류 내용을 적어 놓았지만 반드시 스스로 찾아본 뒤 확인하기 바란다).

- 섞는다.

- 2개의 개란을 추가한다.

- 휘발유 1리터를 추가한다.

- 180도에서 45분 굽는다.

- 밀가루 세 스푼을 추가한다.

각종 오류를 정리해 보면 다음과 같다. 일상에서 이렇게 다양한 오류를 만나지는 않지만 뒤에 나오는 프로그램에서 발견되는 오류 종류를 비슷하게 표현해 보려고 과장한 것이다.

- **순서오류:** '섞는다'가 '굽는다' 바로 앞에 가야 함/ '굽는다'가 맨 뒤로 가야 함

- **문법오류:** 개란 → 계란

- **누락오류:** 물 또는 우유 붓는 과정 없음

- **불필요오류:** '휘발유 1리터'는 불필요함(휘발유 넣으면 매우 위험함)

- **논리오류:** 밀가루 세 스푼 → 밀가루 세 컵(세 스푼 넣으면 인형 빵?)

2. 순서도 그리기

다음은 모든 오류를 수정한 결과이고, 이어서 순서도로 완성된 형태가 나온다. 다음 페이지를 넘기지 말고 각자 순서도를 그려보면 좋을 것 같다. 문장에는 없었지만, 요리하기 전에 준비가 필요하므로 준비기호를 넣었다. 준비 안에는 각종 재료와 도구와 기구들이 나열되었는데, 재료는 상수, 도구는 변수, 기구는 함수라 하면 어떨까 한다(아직 안 나온 용어들인데, 뒤에 나오면 그때 이 비교가 적절한지 생각해보길 바란다).

우유가 있는가?
그렇다면 우유를 한 컵 붓는다.
아니라면 물을 한 컵 붓는다.
밀가루 세 컵을 추가한다.
2개의 계란을 추가한다.
섞는다.
180도에서 45분 굽는다.

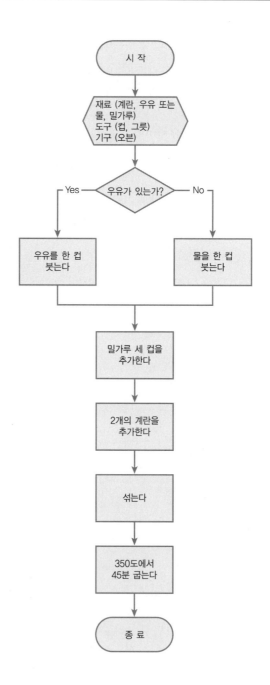

처음 순서도를 그릴 때 자주 혼돈하는 사례로서 시작 기호 안에 내용을 넣거나(시작과 종료는 정해진 단어인 '시작'과 '종료'라고 넣음), 행동이 아닌 것도 처리기호에 넣거나 (예: '밥 먹지 않는다'), 준비기호 안에 무엇을 준비하는지 명시하지 않고 행동을 적는 경우 등을 볼 수 있다(예: '학교에 갈 준비를 한다').

핵 / 심 / 정 / 리 /

:: **순서도**: 일처리 순서를 약속된 기호로 나타낸 것

:: **순서도 기호들**: 시작과 종료, 준비, 처리, 조건

:: **순서도 작성**: 작은 단위로 나누어 순서대로 기호에 맞추어 표현

문제

1. '햄 샌드위치 만들기'를 순서도로 작성하여라.

버터가 있는가?
있으면 빵 사이에 버터를 바른다.
햄에 마요네즈를 섞는다.
빵 사이에 섞은 햄을 넣는다.

논리 설계: 프로그램 순서도

CHAPTER **03**

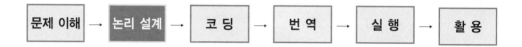

문제 이해 → 논리 설계 → 코 딩 → 번 역 → 실 행 → 활 용

개념

1. 입출력 기호

컴퓨터에게 주로 어떤 일을 시킬까? 앞의 순서도에 나온 예제들은 일상을 묘사한 것인데 컴퓨터에게 그런 일을 시키지는 않는다. 이제부터 컴퓨터에게 지시할 일이 무엇일지 생각해보고 그것을 순서도로 작성하는 연습을 해보자.

> 3과 4를 더해라.

순서도로 나타내면 '빵을 만든다' 대신 '3 + 4'를 대입해 본다. 이때 문장을 그대로 사용하지 않고 사칙연산으로 변경한 것을 알 수 있다. 사칙연산은 프로그램도 동일하게 적용하는 기호이지만 곱하기와 나누기 기호는 키보드에 없기 때문에 *과 /로 사용한다(계산기 프로그램에서도 같은 기호를 볼 수 있음).

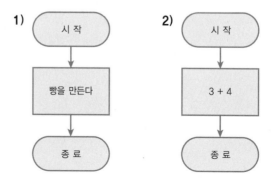

그런데 너무 심심하다. 우선은 계산결과를 보여주는 게 필요하다. 그래서 출력기호가 추가된 순서도 3)이 나온다. 한 가지 의문이 더 생긴다. 3과 4가 컴퓨터에 알려지는 방법이 필요하다. 결국 입력기호를 포함해서 순서도 4)가 완성된다. **프로그램 순서도**를 작성하려면, 앞장에는 없었던 출력과 입력 기호를 추가해야 한다. 출력과 입력은 컴퓨터가 하는 일의 기본 단위이기 때문이다.

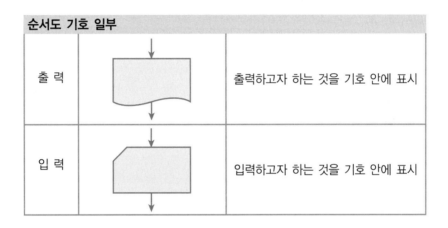

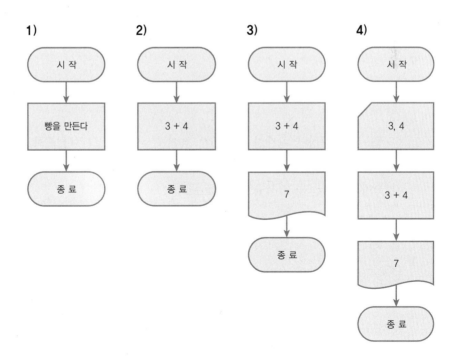

2. ◼◼◼◼ **미지수**

컴퓨터에게 일을 시킬 때 계산만 하는 게 아니라 출력도 하고, 시작과 끝이 모두 고정된 형태가 아니라 가변적으로 입력받도록 하는 것이 일반적이다. 따라서 입력, 처리, 출력은 프로그램 순서도의 기본 요소임을 알 수 있다.

> 1부터 100까지 더한다
> → 1부터 100까지 더해서 출력한다
> → 1부터 ?까지 더해서 출력한다

+ **입력:** 키보드와 마우스를 이용해 데이터가 컴퓨터의 저장장치로 들어가게 함

+ **처리:** 데이터를 조작하고 정확성을 검사하고 연산을 수행하는 것을 포함(CPU 담당)

+ **출력:** 사용자가 보고 사용하도록 데이터의 처리 결과가 프린터, 모니터로 나타나게 함

입력, 처리, 출력을 모두 포함하는 좀 더 일반적인 사례를 들어보자. 앞에서 언급한 '3과 4를 더하기'는 숫자가 고정되어 있으니 일반적인 사례로 보기 어렵다.

> 두 수를 입력받아 합을 계산하여 출력하라.

순서도 1)은 문장을 그대로 나누어서 적어 본 것이다. 그러나 프로그램 순서도에서는 더 이상 문장을 직접 사용하지 못한다. 우선 '두 수'라고 언급하였는데 이는 어떤 수가 들어올지 모르는 미지수에 해당한다.

순서도 2)는 수학에서 x, y, z가 미지수였던 것처럼, 임의의 미지수 이름을 정해서 표시한 것이다.

순서도 3)은 처리와 출력에서 합하는 행위(a + b)가 반복되니까 합한 결과를 또 다른 미지수(sum)에 넣어 주고 출력할 때 해당 미지수(sum)를 표시한 것이다.

순서도 4)는 준비기호에서 미지수를 준비하도록 표시한 것이다.

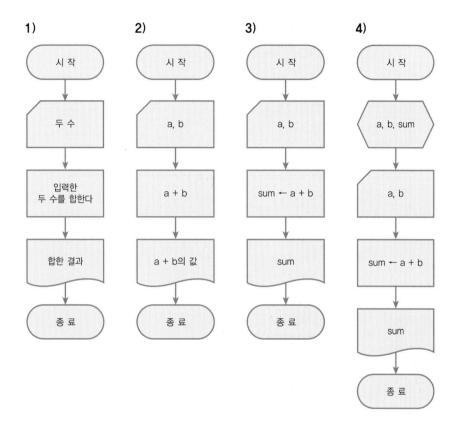

1)

시 작

두 수

입력한
두 수를 합한다

합한 결과

종 료

2)

시 작

a, b

a + b

a + b의 값

종 료

3)

시 작

a, b

sum ← a + b

sum

종 료

4)

시 작

a, b, sum

a, b

sum ← a + b

sum

종 료

핵 / 심 / 정 / 리 /

- **입력:** 키보드와 마우스를 이용해 데이터가 컴퓨터의 저장장치로 들어가게 함
- **처리:** 데이터를 조작하고 정확성을 검사하고 연산을 수행하는 것을 포함 (CPU 담당)
- **출력:** 사용자가 보고 사용하도록 데이터의 처리 결과가 프린터, 모니터로 나타나게 함

문제

1. 두 수를 입력받아 곱을 계산하여 출력하는 순서도를 작성하여라.

프로그램 번역: 출력 프로그램 코딩과 번역

본격적인 코딩에 앞서 번역 방법을 숙지해야 하므로 '번역'을 먼저 다룬다.

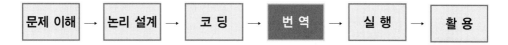

개념

1. **프로그램 형태("Hello" 출력하기)**

```
#include <stdio.h>
main()
{
   printf("Hello!!!");
}
```

이제부터 프로그램의 기본 틀을 배우자. 첫 줄(#include<stdio.h>)은 프로그램에서 입출력을 할 수 있도록 해주는 정도로만 우선 알아두자(stdio.h는 standard input output의 약자임. 이것을 인클루드 파일이라 부르고 표준 입출력을 위한 각종 선언이 모여 있는 것임). 프로그램을 시작하는 문패가 main()이고, {는 문을 여는 것이고, 맨 마지막 줄의 }는 문을 닫는 것이다. 그러니까 프로그램의 알맹이는 {} 안에 들어있게 된다. 지금은 딱 한 줄만 있다.

```
   printf("Hello!!!");
```

이것은 화면에 Hello!!!를 출력하라는 실행문이다. 즉 " " 안에 내가 원하는 글자를 넣으면 화면에 그 글자가 나오게 하는 것이다.

실행문 하나가 끝나면 반드시 마침표를 찍어야 하는데, 프로그램에서 마침표는 ;이다. 그래서 출력 실행문 printf("Hello!!!");에서 ;로 끝난다. 그런데 두 군데는 마침표가 보이지 않는다. 첫 줄의 #include <stdio.h>는 대문 열고 들어가 있는 알맹이들과는 성격이 다르므로 해당되지 않는 것이다. 또 한 군데는 main()인데 이 경우는 아직 끝난 것이 아니기 때문에 마침표를 넣으면 안 된다. 즉, 대문을 닫아야 끝난 것이다. main() { .....} 이렇게 한 세트가 된다. 여기서 마지막 }가 역시 실행문의 끝을 의미하므로 ;과 같은 의미가 된다.

2. 프로그램 번역(Microsoft Visual C++ 6.0 사용법)

| 1 · 소스 생성 |

메뉴를 이용하면 소스 이름을 미리 정하는 것이고, 아이콘을 이용하면 컴파일할 때 소스 이름을 정하는 단순한 차이만 있다.

① 메뉴 이용

File → New → Files → Text File 선택

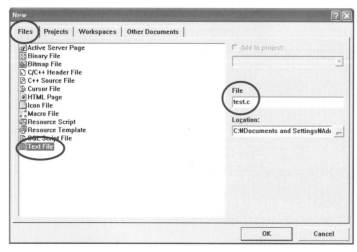

+ **소스 파일:** C 언어로 작성된 프로그램 파일(.c)

+ **목적 파일:** 기계어로 구성된 파일(.obj)

+ **실행 파일:** 실행 가능한 파일(.exe)

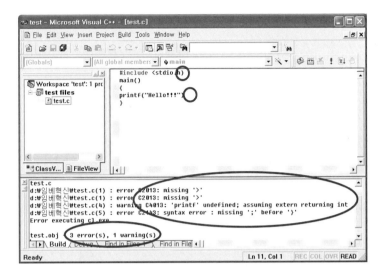

오류 없이 컴파일이 성공한 경우이다. 이때 .obj가 생성된다.

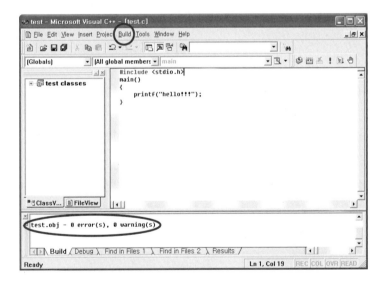

3. 링크

Build 메뉴에서 **Build**를 클릭하여 링크를 실행한다. 오류 없이 성공하면 **.exe**가 생성된다. 대부분의 링크에서는 오류가 나지 않는다. 따라서 컴파일만 하고 오류가 없을 경우엔 바로 실행을 하면 링크는 자동으로 수행된다.

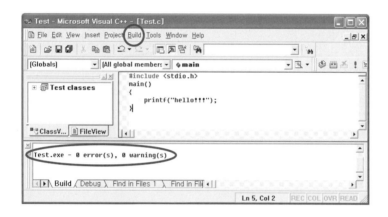

4. 실행

Build 메뉴에서 **!Execute**를 클릭하여 수행한다. 참고로 이 명령의 단축키는 CTRL + F5이다. 물론 컴파일의 경우는 CTRL + F7을 누르면 된다. 자주 사용하니까 단축키를 알아두는 것도 유용하다. 그리고 소스 수정 없이 실행만 반복하려면 지금처럼 !Execute만 눌러주면 된다. **다시 컴파일을 할 필요는 없다**는 의미이다(반대로 소스가 수정되었는데 컴파일을 안 하고 실행을 누르면, "소스가 수정되었는데 컴파일을 다시 할까요?"라는 질문이 나오므로 그때 OK 버튼을 누르면 된다).

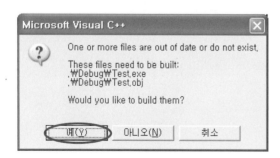

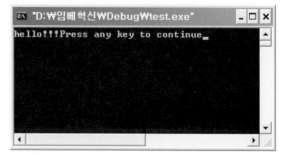

그런데 내가 나오라고 시키지도 않은 **'Press any key to continue'** 는 무엇일까? 이건 프로그램에서 시킨 게 아니고 컴파일러가 보여주는 것이다. 아무키나 치면 다시 소스가 있는 화면으로 돌아간다는 뜻이다. 개발도구를 사용하지 않고 직접 실행시키면 이런 메시지가 나오지 않는다.

주의사항

다음의 그림과 같은 오류메시지가 나오면 좌측 창 하단에서 FileView를 누른 후 .c로 끝나는 소스 파일이 몇 개인지 확인한다. 각 소스 파일을 클릭하면 우측 창에 소스 내용이 나타나므로 내용을 확인한 후 최종 버전을 남기고 모두 삭제한다. 다시 '빌드 → 실행' 한다(삭제 방법은 해당 소스파일을 클릭한 후 키보드의 [DEL] 버튼을 찾아서 누르면 됨).

오류 원인은 여러 개의 소스 파일에 문패인 main이 여러 개 나와서 그런 것이다. 즉, 소스가 여러 개라도 main은 한 번만 나와야 한다(한 집에 문패 하나만 있는 것과 유사. 그런데 한 집에 방들은 많음).

그래도 해결이 안 되면 소스를 복사해두고 **File** 메뉴에서 **Close Workspace**를 한 후 다시 시작하여 복사해둔 소스를 붙여 넣는다.

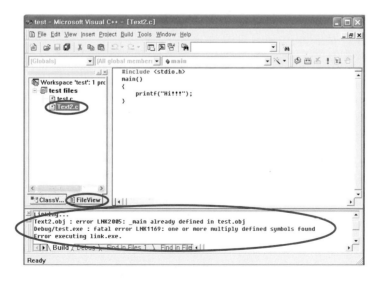

5. 재실행

프로그램 신규 생성이 아니라 이전에 작성했던 소스를 다시 열어서 수정하거나 실행하고자 하는 경우이다.

File 메뉴에서 **Open Workspace**를 클릭한 후 원하는 것을 선택하여 **열기**를 클릭한다.

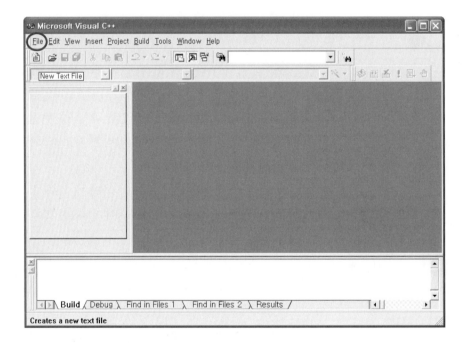

확장자는 .dsw이고 이전에 소스 이름을 test.c로 주었기 때문에 같은 이름이고 확장자만 다른 test.dsw가 있을 것이다. 그것을 선택하면 된다(본 컴파일러에서는 소스 파일만 가지고 있는 것이 아니라 환경들도 함께 포함하므로 워크스페이스라는 단위로 관리함).

이후 '컴파일 → 빌드 → 실행' 과정은 앞에서와 동일하다.

핵 / 심 / 정 / 리 /

```
#include <stdio.h>          표준 입출력을 위한 인클루드 파일 사용 선언
main()                      문패
{                           대문 열고
    printf("Hello!!!");     화면에 Hello!!! 출력
}                           대문 닫음
```

➡ 문제

다음의 프로그램을 돌려보면서 개발도구에 익숙해지도록 하여라.

('소스 수정 → 컴파일 → 빌드 → 실행' 의 반복)

1. 출력문 한 줄 넣기

2. 출력문 두 줄 넣기

3. 출력문 안에 ₩n을 사용하여 한 줄 내려가게 하기. ₩n('개행문자' 라고도 함)은 newline의 약자로서 다음 줄로 가도록 해준다.

4. 출력문 안에 ₩n을 여러 번 사용하여 여러 줄 내려가게 하기

5. 출력문 안에 글자들 사이에 ₩n을 넣어서 줄 바꿈 해보기

6. 출력문 안에 ₩t을 넣어서 줄맞춤 해보기. ₩t은 tab의 기능으로 일정 길이씩 띄어쓰기를 해준다.

프로그램 코딩: 변수의 사용

CHAPTER **05**

번역 방법을 알았으므로 본격적인 코딩을 다루어보자.

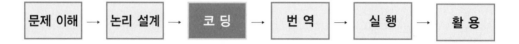

문제 이해 → 논리 설계 → **코 딩** → 번 역 → 실 행 → 활 용

개념

1. 변수 이름

변수란, 데이터를 저장할 수 있는 이름을 갖는 기억장소이다(기억장소란 내부 저장장치로서 메모리의 일부 영역을 의미함). 변수는 3장에서 미지수라고 표현한 것을 프로그램 버전으로 바꾼 것이다. 변수 이름은 다음의 몇 가지 규칙을 따르면서 임의로 정하면 된다(변수를 '변하는 수'라고 기억하면 좋음).

- 의미 있는 이름 선택(약자를 사용하는 것은 바람직하지 않음. 영문단어 활용)
- 영문자와 숫자의 조합. 특수문자 중에는 _(underbar)만 가능(한글은 안 됨)
- 첫 글자는 숫자가 아니어야 함. 대부분은 영문자
- 공백(space) 사용불가, 특히 변수 이름 중간에 공백 넣으면 안 됨
- 영문 대소문자 구분 있음(즉, 대소문자에 따라 다른 변수로 취급함)

다음 중 변수 이름이 잘못된 것을 고르고, 잘못된 이유를 설명해 보자(해설을 보기 전에 직접 풀어보기를 권함).

01pic, pic01, $pic, picName, pic Name, pic_Name, pic-Name

변수 이름	성공 여부	오류 원인
01pic	X	숫자로 시작
pic01	O	
$pic	X	특수문자 $ 사용
picName	O	
pic Name	X	공백 사용
pic_Name	O	
pic-Name	X	– 사용

2. 변수 선언

```
int inum;        정수형 변수는 inum이고
float fnum;      실수형 변수는 fnum과 dnum이고
double dnum;
char ch;         문자형 변수는 ch임
자료형 변수이름;
```

변수는 사용 전에 반드시 선언되어야 한다(실행문이 나오기 전에 준비기호 위치처럼). 변수 inum의 선언은 inum이라는 이름의 변수를 사용하겠다고 메모리를 확보하는 것이다. 변수를 선언할 때는 저장할 데이터 형(type)을 나타내는 자료형을 앞에 적고 이어서 변수이름을 적는다. 자료형은 간단히 문자 아니면 숫자라고 생각하면 된다. 숫자는 다시 정수 아니면 실수이다. 실수는 정밀도가 낮은 float과 높은 double로 나뉜다. 다음의 표와 같이 그릇에 담고자 하는 내용물이 무엇인가에 따라 그릇의 크기가 다르듯이, 자료형에 따라 기억장소의 크기도 다르다

자료형	키워드	크 기
문자	char	1바이트
정수	int	4바이트(short 2바이트, long 4바이트)
실수	float, double	4바이트, 8바이트

※ short와 long은 뒤에 설명이 다시 나옴.

같은 자료형을 가진 여러 개의 변수들은 동시에 선언하는 것이 가능하다.

```
int inum1;
int inum2;  ⟶   int inum1, inum2, inum3;
int inum3;
```

3. 변수 치환

```
inum = 54;          inum은 정수형 변수니까 정수인 54가 들어가고
dnum = 3.14;        dnum은 실수니까 실수인 3.14가 들어감
ch = 'A';           ch는 문자형 변수니까 문자인 'A'가 들어감
변수명 = 실행문 ;
(실행문은 상수, 변수, 식 등)
```

우측에 있는 식이나 값을 좌측에 있는 변수에 기억시키는 명령이다. 치환기호(=) 우측에 있는 변수의 값은 읽는 것이므로 반복하여 읽어도 변하지 않는다. 그러나 치환기호(=) 왼쪽의 변수는 치환되면 새로운 내용으로 바뀌고 이전에 있던 내용은 회복할 수 없다.

우측에 나오는 값은 상수라고도 부른다. 상수는 고정된 값으로 역시 문자 아니면 숫자이다. 단, 문자형 숫자와 순수 숫자를 구분하기 어렵기 때문에 모든 문자는 따옴표로 감싼다(예. 'A'와 '1'은 문자이고, 1과 100.1은 숫자임) 숫자로서 1과 문자로서 '1'은 명확히 다르다(변수와 상수를 비교해 본다면, 변수는 그릇에 사과가 담긴 것이고 상수는 사과 자체임. 변수는 그릇이므로 사과를 담았다가 배를 담았다가 하는 것이 가능함).

```
inum = 54;
```

inum이라는 이름의 변수에 54 상수 값을 넣는다.

```
int inum;
inum = 10.4;        X
```

변수의 형식에 맞게 값을 넣어야 하므로 맞지 않다. inum은 정수형이고, 10.4는 실수이다.

```
int inum;
inum = 54;
inum = inum + 1;
```

우측에 한 개의 값이 아닌 수식이 들어갈 수 있다. inum이라는 이름의 변수에 기억된 값(54)을 읽어서 1을 더한 후 그 결과를 inum이라는 이름의 변수에 넣는다. inum에 55가 들어간다.

```
char ch = 'A';
```

변수를 선언하면서 동시에 값을 넣을 수 있다. 이를 초기화라고 한다.

```
inum = 100*31;
inum = 100/31;
inum = 100%31;
```

다섯 가지 산술 연산자 +, −, *, /, %를 사용할 수 있다. % 연산자는 나눗셈의 나머지를 구하는 것으로 오직 정수형과 함께 사용해야 한다.

다
·
이
·
얼
·
로
·
그

 샘 앞의 소스에서 inum에 뭐가 들어있을까? 7(100%31)이야. 앞서 계산했던 값은 모두 사라지게 되는 거지.

 날리 %가 뭐예요? 나머지라니? 수학에서 그런 것 배운 적이 없어요.

 범생 왜 없어? 나눗셈할 때 배웠잖아. 예를 들어, 8 나누기 5하면 몫은 1이고 나머지는 3. 그러니까 8%5=3이지. 그렇지, 날리야?

 샘 오호 맞아. 그럼 퀴즈를 하나 내볼게. 8%9는 뭘까?

 범생 그건 모르겠어요.

 날리 왜 몰라. 8이잖아. 몫은 0이고 나머지는 모두니까 8. 그렇지 않아요?

 샘 앗! 날리가 득도를 했나? 맞아요, 맞아. 근데 나머지는 정수값만 나오므로 정수끼리만 연산이 가능하단다.

 범생 그럼 날리야. 덧셈, 뺄셈하고 곱셈, 나눗셈 마구 섞이면 무엇을 먼저 계산하지?

 날리 그냥 순서대로 하면 안 되나?

 범생 아니지. 곱셈이나 나눗셈을 먼저 하고 그 다음에 덧셈과 뺄셈이잖아.

 날리 맞다~! 맞아~!

 샘 그건 프로그램도 마찬가지야. ( )를 넣으면 무조건 먼저 하는 거고. 다음의 연산자 우선순위 한번 읽어 봐. 나중에 또 나오겠지만.

설명	일반적인 것	특수한 것
최우선	() 괄호	[] (배열)
		-〉 . (구조체)
단항	++, ––, !	~(보수)
		+, – (부호)
		* (포인터)
		& (주소)
곱셈 / 나눗셈 / 나머지	*, /, %	
덧셈 / 뺄셈	+, –	
쉬프트		〈〉
관계	〈, 〈=, =〉, 〉	
등가	==, !=	
비트AND		&
비트XOR		^
비트OR		|
논리곱	&&	
논리합	||	
조건		?:
할당	=, +=, –=, *=, /=, %=	
콤마		,

Memory 메모리 설명

메모리를 처음 표현하니까 우선 메모리 주소를 읽어보자. 아래 그림은 메모리를 이해하기 쉽도록 그린 것이다.

	4 byte	1 byte	4 byte	8 byte	
0x0000	0x0000	0x0004	0x0008	0x000c	0x0010
		0x41			
		ch	inum	dnum	
		A	54	3.14	

좌측 네 자리와 상단 네 자리를 연이어 읽으면 ch 변수의 주소는 0x00000004가 된다. 앞의 0x는 16진수로 표현했다는 뜻이다. 그럼 inum의 주소는 0x00000008이고, dnum의 주소는 0x0000000c이다. 메모리는 모두 주소가 있다는 것을 기억하자(우리의 집들도 주소가 있듯이).

이제 크기를 보자. 한 칸은 4바이트씩이다(한 바이트는 8비트로서 한 글자를 표현하는 기본 단위). ch는 한 바이트, inum은 4바이트, dnum은 8바이트로 서로 다른 크기를 가졌음을 알 수 있다(ch 바로 옆에 inum이 붙어도 되는데 이해하기 좋게 하려고 일부러 띄어놓은 것임). 정수형 4바이트에 들어갈 수 있는 숫자의 범위는 −2,147,483,648부터 2,147,483,647까지이다. 원리를 설명하면 2,147,483,648이란 2^{31}이고 따라서 범위는 -2^{31}에서 $2^{31} - 1$이다. 31제곱이 나온 이유는 4바이트가 32비트이니까 거기서 1을 뺀 숫자다. 1바이트에 들어갈 숫자의 범위는 −128부터 127까지이다(-2^7에서 $2^7 - 1$).

그런데 ch 변수 위에 0x41이라고 되어 있다. 이것은 문자

ASCII 코드표	
0x00	NULL
⋮	
0x0a	LF
⋮	
0x41	A
⋮	
0x4a	J
⋮	
0x7f	DEL

가 실제로는 숫자로 변경되어 들어간다는 의미이다(컴퓨터는 모든 것을 숫자로 표현). 문자와 숫자를 연결시킨 아스키(ASCII) 테이블에 따라 변경되는 것이다. ASCII 코드표를 보면 문자 A는 숫자 0x41(십진수로는 65)에 해당한다.

숫자 0과 문자 '0'을 메모리에서 어떻게 가지고 있는지 비교해 보면 다음과 같다.

문자형 문자 '0'은 코드값이 48이고 48을 이진수로 표현하면 이렇게 된다.

```
      1 byte
┌───────────────┐
│   00110000    │
└───────────────┘
```

정수형 숫자 0은 이진수로 표현해도 0의 연속이니까 이렇게 된다.

```
                    4 byte
┌──────────┬──────────┬──────────┬──────────┐
│ 00000000 │ 00000000 │ 00000000 │ 00000000 │
└──────────┴──────────┴──────────┴──────────┘
```

핵 / 심 / 정 / 리 /

	변수는 실행문 전에 반드시 선언.
`int inum;`	inum은 정수형 변수니까 정수인 54가 들어감.
`double dnum;`	dnum은 실수니까 실수인 3.14가 들어감.
`char ch;`	ch는 문자형 변수니까 문자인 'A'가 들어감.
`inum = 54;`	fnum도 실수인데 정밀도 낮은 실수이고 dnum은
`dnum = 3.14;`	정밀도 높은 실수(정밀도 높다는 뜻은 읽어야 하는
`ch = 'A';`	숫자가 많다는 뜻).

문제

다음의 문제를 읽고, 몇 개의 변수가 필요한지 판단하여 변수 이름을 정하고 변수에 값을 치환하는 규칙을 맞추어서 순서도를 작성하여라.

1. 두 수를 입력받아 합한 것에서 세 번째 입력받은 것을 빼서 출력한다.

2. 한 수를 입력받아 세제곱을 출력한다.

프로그램 코딩: 입출력 함수

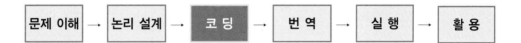

문제 이해 → 논리 설계 → 코 딩 → 번 역 → 실 행 → 활 용

개념

1. **출력**

printf( )는 **출력 함수**다(함수는 뒷부분에 ( )가 있음) 출력할 상수값들("This displays %d %f %c, too.") 사이에서 원하는 위치에 형식지정자 %와 문자(d, c, f)를 넣고, 이어서 변수들을 순서대로 나열하면(inum, dnum, ch) 해당 위치에 변수값이 출력된다.

```
int inum = 54;
double dnum = 3.14;
char ch = 'A';
printf ("This displays %d %f %c, too.", inum, dnum, ch);
```

➜ 실행결과

This displays 54 3.140000 A, too.

※ (일러두기: 이후부터 'Press any key to continue'는 생략함)

형식지정자 %와 자료형별로 사용하는 문자는 다음과 같다. float와 double은 같은 문자를 사용한다.

%d	10진 정수	int
%c	문자	char
%f	실수	float, double

double 대신 float fnum = 3.14;을 하면 warning C4305: 'initializing' : truncation from 'const double' to 'float' 이라는 경고가 나온다. 실수 상수의 기본형은 double형이므로 정밀도가 감소함을 알리는 것이다.

아래 소스를 보자. 출력 함수 안에서 변수 위치에 직접 수식을 넣으면 계산된 결과가 출력된다. 540은 54 * 10이고, 7.140000은 3.14 + 4이다. 실수는 소수 6자리까지 나온다. 'C'는 왜 나온 걸까? 앞장의 메모리에서 언급한 아스키 코드표에 따라, 원래 ch에 넣었던 값인 'A'에서 두 칸 뒤로 가서 'C'가 되는 것이다. 즉 문자값에 덧셈 또는 뺄셈을 하면 그 숫자만큼 순서가 앞뒤로 이동하는 것이다.

```
int inum = 54;
double dnum = 3.14;
char ch = 'A';
printf("This displays %d %f %c, too.", inum*10, dnum+4, ch+2);
```

➤ 실행결과

This displays 540 7.140000 C, too.

2. 입력

scanf( )는 **입력 함수**다(함수는 뒷부분에 ( )가 있음). 원하는 순서대로 형식지정자 %와 문자(d, c, f)를 넣고("%d"), 이어서 변수들을 순서대로 나열하면(&inum) 입력된 값이 해당 변수에 들어간다.

```
int inum;
scanf ("%d", &inum);
```

→ 실행결과

3   ← 사용자가 직접 입력(inum 변수에 3이 들어갔음)

형식지정자 %와 자료형별로 사용하는 문자는 다음과 같다(double형이 입력에는 별도로 있는 것을 제외하면 출력문과 동일함).

%d	10진 정수	int
%c	문자	char
%f	실수	float
%lf	실수	double

변수에 값을 기억 또는 변경시킬 수 있는 방법은 다음의 두 가지이다.

∷ 치환

정해진 상수 넣기(pi = 3.14;), 초기값 넣기(int num = 0;)
계산에 의해 넣기(area = width * height;)

∷ 입력

프로그래머가 임의로 정할 수 없는 값을 사용자로부터 입력받아 넣기
예) 학생성적, 물건 값, 은행 입출금액 등

여러 개의 정수를 입력받을 때는 scanf()를 여러 번 사용하거나 한 개의 scanf() 안에 %d를 여러 번 사용하면 된다. 입력할 때는 엔터로 구분하거나 스페이스로 구분하면 된다.

```
int inum1, inum2, inum3;
printf ("정수를 세 개 입력하시오\n");
scanf ("%d%d%d", &inum1, &inum2, &inum3);
printf ("당신이 입력한 정수는 %d, %d, %d입니다.", inum1, inum2, inum3);
```

정수를 세 개 입력하시오
3
4
5
당신이 입력한 정수는 3, 4, 5입니다.

정수를 세 개 입력하시오
3 4 5
당신이 입력한 정수는 3, 4, 5입니다.

숫자의 경우 '엔터'를 무시하지만, 문자를 입력받는 경우는 '엔터'도 문자로 취급한다. 따라서 문자와 숫자를 섞어서 입력받는 경우에 숫자 입력 후 문자 입력을 받으면 앞서 입력한 '엔터'를 문자로 취급하여 입력도 없이 다음 단계로 넘어가는 오류를 접한다. 이를 방지하려면 입력순서를 조절하거나 다른 입력 함수(getche())를 이용하기도 한다.

```
int inum;
float fnum;
char ch;
printf ("문자를 입력하시오\n");
scanf ("%c", &ch);
printf ("정수를 입력하시오\n");
scanf ("%d", &inum);
printf ("실수를 입력하시오\n");
scanf ("%f", &fnum);
printf ("당신이 입력한 것은 %d, %f, %c입니다.", inum, fnum, ch);
```

문자를 입력하시오
K
정수를 입력하시오

> *3*
> 실수를 입력하시오
> *3.14*
> 당신이 입력한 것은 3, 3.140000, K입니다.

 범생 출력문에는 없는 것이 입력문에는 있어요. 왜 그렇죠?

 날리 뭔데~? 뭔데~?

 범생 변수 앞에 있는 & 말이야. 출력문과 입력문을 찬찬히 뜯어보니까 거의 같은데 말이지. 왜 헷갈리게 입력문에만 &inum 이렇게 사용하는지…. 그러려면 출력문도 같이 그렇게 하든지.

샘 ㅋㅋㅋ 맞아~ 헷갈리지? 그건 말이지, 두 가지 함수의 속성이 달라서 그래. 출력은 값을 던져주고 마는데. 입력은 값을 받아와야 해. 값을 받아오기 때문에 &을 붙인다고 생각하면 되지. 나중에 포인터에 들어가면 이해하게 될 거야.

다·이·얼·로·그

➡ 활용

다음의 프로그램을 실행시켜 보고 입출력 함수의 사용법을 익힌다.

1. **상수열 출력**

```
int a = 10, b = 20;
double times = 3.14;
printf ("Hello !!! a, b, times");
```

➔ **실행결과**

Hello !!! a, b, times

여기에서는 상수열을 출력한 것뿐임. " "안의 글자가 그대로 나온 것임.

2. **변수 출력 1**

```
int a = 10, b = 20;
double times = 3.14;
printf ("Hello !!! a, b, times", a, b, times);
```

➔ **실행결과**

Hello !!! a, b, times

앗! 변수값이 왜 안 나올까? 뒤에 변수 열을 넣어주었는데…. 아하! 형식지정자가 빠졌네!

3. **변수 출력 2**

```
int a = 10, b = 20;
double times = 3.14;
printf ("Hello !!! a %, b %, times %", a, b, times);
```

➔ **실행결과**

Hello !!! a, b, times

어? 그래도 안 나오네. 이크, % 뒤에 정수인지 실수인지 문자인지를 알리는 것이 없구나.

4. **변수 출력 3**

```
int a = 10, b = 20;
double times = 3.14;
printf ("Hello !!! a %d, b %d, times %d", a, b, times);
```

→ 실행결과

Hello !!! a 10, b 20, times 1374389535

앞의 두 개는 잘 나오는데, 왜 times는 이렇게 나올까? 알았다! 실수형인데 앞의 형식지정자에 %d를 써주어서 그렇군. 아니, 그런데 이런 건 컴파일할 때 오류로 알려주어야 하는 것 아닌가? 음, 앞으로 조심해야겠네.

5. **변수 출력 4**

```
int a = 10, b = 20;
double times = 3.14;
printf ("Hello !!! a %d, b %d, times %f", a, b, times);
```

→ 실행결과

Hello !!! a 10, b 20, times 3.140000

6. **변수 출력 5**

```
int a = 10, b = 20;
double times = 3.14;
printf ("Hello !!! a %d, b %d, times %.2f", a, b, times);
```

→ 실행결과

Hello !!! a 10, b 20, times 3.14

%f 안에 .2를 넣어서 소수 이하 2개만 출력하라고 하였음. 훨씬 깔끔함 ^^;

7. 입출력

```
int a, b;
double times;
scanf("%d%d%lf",&a,&b,&times);
printf ("Hello !!! a %d, b %d, times %.2f, a+b %d", a, b, times, a+b);
```

→ **실행결과**

```
1
2
2.85
Hello !!! a 1, b 2, times 2.85, a + b 3
```

이제 세 개의 변수를 모두 입력받았네. 정수형은 %d지만 double 실수형은 %lf임. 그리고 두 변수를 계산한 결과가 직접 출력됨.

8. 특수문자 출력 1

```
int a;
scanf("%d",&a);
printf ("백분율은 %d%입니다", a);
```

→ **실행결과**

```
55
백분율은 55입니다
```

55%가 나오게 하려고 %d 뒤에 %를 넣었는데 왜 안나올까?

9. **특수문자 출력 2**

```
int a;
scanf("%d",&a);
printf ("백분율은 %d%%입니다", a);
```

➔ **실행결과**

55
백분율은 55%입니다

%는 형식지정자를 위한 특수문자이므로 이를 상수로 취급하여 그대로 출력하기를 원하면 두 번 써주
면 됨. 즉, '이건 상수입니다' 라고 표시하는 것임

10. **특수문자 출력 3**

```
printf ("I said "Who are you?"");
```

출력하고 싶은 상수열 중에 특수문자가 포함되면 정상적으로 나오지 않음. 여기서 인용문으로 사용하
려고 " "를 넣은 경우인데 컴파일하면 오류가 남.

11. **특수문자 출력 4**

```
printf ("I said ₩"Who are you?₩"");
```

➔ **실행결과**

I said "Who are you?"

특수 문자 앞에 ₩를 넣어주면 됨.

키워드

주석(comment)

주석은 프로그램에 기재해 놓은 설명문으로 컴파일러는 이를 무시함.

1) /*로 시작해서 */로 끝남. 한 줄 예) /*This is a comment*/

여러 줄 예) /*

This is a comment

*/

2) //로 시작해서 그 줄 끝까지 해당함 예) // This is one-line comment

핵 / 심 / 정 / 리 /

```
/*
입력과 출력 예제
*/
int inum /* 정수형 변수 inum 선언 */
double dnum = 3.14; // 실수형 변수 dnum 선언
scanf("%d", &inum); // inum에 입력받음
printf ("This displays %d %.2f", inum, dnum); // 두 개 변수 출력
```

▶ 실행결과

54
This displays 54 3.14

▶ 코드설명

입력함수 scanf( )와 출력함수 printf( )의 기본형식은 같음.
괄호 안에 입출력할 문자열을 큰따옴표로 묶고, 이어서 변수명을 나열함. 큰따옴표
안에 원하는 위치에 %d 또는 %c 등을 넣음.

→ 문제

1. 몸무게, 키를 입력받아 비만도를 계산하여 다음과 같이 출력하는 프로그램을 작성하여라. 다음에 나오는 DFD와 순서도를 참고한다(비만도 = (키 − 110)/몸무게).

"몸무게는 [   ] kg이고 키는 [   ] cm이므로 당신의 비만도는 [   ] 입니다"

> 몸무게를 입력하시오
> *47*
> 키를 입력하시오
> *169*
> 몸무게는 47kg이고 키는 169cm 이므로 당신의 비만도는 1.26입니다

1) DFD(Data Flow Diagram)

DFD는 프로세스들 간의 데이터 흐름을 기술하는 데 사용되는 도형식 표현법을 말한다. 구조적 분석기법에서 중요한 도구로 사용된다. 프로그램을 동그라미 프로세스로, 사용자를 네모 종단점으로, 입출력 데이터를 화살표로 표시한다.

2) 순서도

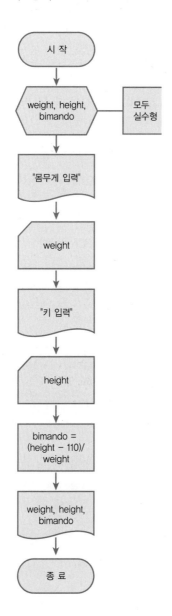

종합문제

1. 다음 소스에 주석을 적어라.

```c
#include <stdio.h>
main()
{
    int a, b;

    scanf ("%d", &a);
    b = a + 10;
    printf ("Result: %d %d\n", a, b);
}
```

2. 다음 내용에 맞추어 순서도를 작성하고 코딩하여라.

   1) 두 수를 입력받아 합을 계산하여 출력하라.

   2) 두 수를 입력받아 합한 것에서 세 번째 입력받은 것을 빼서 출력하라.

   3) 한 수를 입력받아 세제곱을 출력하라.

3. 다음 소스를 보고 오류를 찾아서 각각 이유를 쓰고, 올바르게 고치시오. 줄 번호는 설명을 위해 붙인 것임. 번역기를 사용하지 말고 찾아본 후, 번역기를 사용하여 확인하여라.

```
#include<stdio.h>
main()
{
  1 int b, sum = 0;
  2 double 3num, times@totals;
  3 B = 25;
  4 a + b = sum;
  5 scanf ("%d", a);
  6 3num = 10
  7 times@totals = 3num * 12.4;
  8 char ch;
  9 ch = A;
  10 printf ("화이팅 아자 !!$%^&*#!!\n");
  11 printf ("변수출력%c, %d, %d, %f",ch, a, b, a+b, times@totals);
}
```

※ 해답편의 '오류 찾기 상세과정'은 오류 찾아내는 순서를 자세히 보여준다.

자 신 감

용혜원 지음

자신을 새롭게 발견하는 순간부터
눈에 보이는 것이 달라지고
생각하는 것이 달라지고
행동하는 것이 달라지기 시작한다.
허망하게 보이던 것들이 사라지고
절망으로 쪼개졌던 감각이 살아나
삶이 움직이고 변화되기 시작한다.

엉거주춤 엉덩이를 빼고 두리번거리고
두려움이 앞서 도저히 넘지 못할 것 같았던
암담하고 높기만 하던 벽을 훌쩍 뛰어 넘는다.
숨통을 조이고 압박하던 억눌림 속에
멀게만 느껴지고 따라잡지 못할 것 같았던
초라한 몸짓에서 벗어나 앞질러간다.

격정의 파도 속에 몸살을 앓고
손조차 댈 수 없어 암담함 속에 고통스러워해
과거를 다 던져 버리고 뒤돌아보지 말라.
무기력을 말끔히 씻어내고
초라함과 나약함에서 벗어나야
도전하고 싶은 의욕이 분수처럼 터져 나와
형편없이 무너져 내렸던 곳에서
우뚝 일어설 수 있다.

자신감은 자신이 하고자 하는 일에
타오르는 불같이 쏟아내는 뜨거운 정신
무기력을 극복할 수 있는 생존의 힘이다.
자신감이 넘치면 부드럽고 친절해진다
꿈이 없으면 고난의 터널을 통과할 수 없다
최고의 명작은 만들어지는 것이다.

Part 02

구조

일상 조건

개념

우리는 일상에서 조건에 따라 다른 행동을 하게 된다. 이를 순서도로 표현하는 경우, 논리를 판단한 결과가 참(True)인지 거짓(False)인지에 따라 분기하도록 하는 판단기호(Decision)를 사용한다. 다음의 사례들처럼 일상에서 경험하는 조건 상황들은 프로그램 코딩과 매우 유사함을 알 수 있다.

▶ 사례 : if

학교 근처에서 내린다
피곤하면 캔 커피 한 개를 산다
피곤하지 않다면 바로 교실로 직행한다

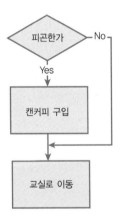

버스정류장에서 917번 버스를 타고
만일 아는 기사분이면 반갑게 인사한다
버스 안에서 오늘 시간표를 확인한다

▶ 사례 : if / else

집에 도착해서 씻고
요플레 팩을 하면서 컴퓨터를 켠다
딸기 요플레일 경우에
팩으로 사용하기보단 먹는다

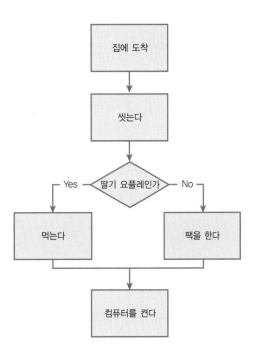

신문을 가지고 탄 날은 신문을 본다
신문이 없으면 그냥 노래를 듣는다

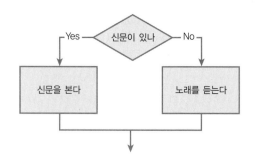

▶ 사례 : if / else {}

잠도 덜 깬 상태로
훌라후프 100번을 돌리고
준비를 한다
아침밥은 꼭 먹는다
너무 피곤하면
아침밥 먹는 시간과
훌라후프하는 시간을 빼
잠을 자곤 한다
수업시작하기 30분 전에 나간다

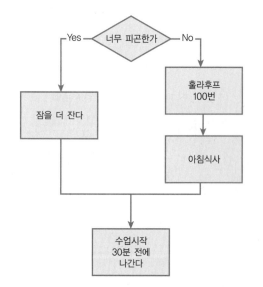

▶ 사례: if 중첩

구두를 자주 신어 발이 까져
2층이어도 꼭 엘리베이터를
타고 올라간다
기다리는 것을
싫어하는 성격이라
엘리베이터가
늦게 오면
운동화를 신을 땐
5층이어도 걸어 다닌다

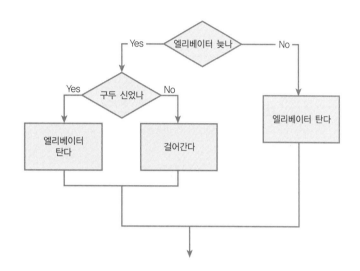

→ 문제

1. 다음 내용을 순서도로 작성하여라.

- 식당에 간다
- 돈이 많은가?
- 돈이 많다면 : 비빔밥을 먹는다
- 돈이 많지 않다면 : 김밥을 먹는다
- 식당을 나온다
- 집에 간다

기본 조건

개념

1. **if**

조건이 참(true)인지 거짓(false)인지에 따라 실행문이 결정된다. 조건이 참이라는 의미는 조건에 해당하는 질문에 yes라고 답하는 경우다. 거짓이라는 의미는 no라고 답하는 경우다. 우선 조건이 참일 때 실행할 문장만 존재하는 경우이다.

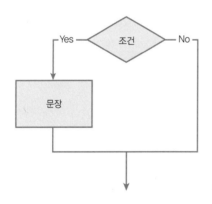

형식 : if (조건)

참문장;

조건이 참일 때만 실행되는 문장
조건이 거짓이면 아무것도 안 함

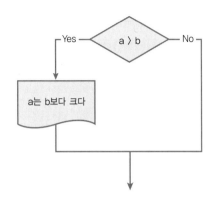

```
#include <stdio.h>
main()
{
int a,b;
a=2;
b=2;
if (a>b)
   printf("a는 b보다 크다");
}
```
→ 실행결과

(아무것도 출력되지 않음)

```
#include <stdio.h>
main()
{
int a,b;
a=10;
b=9;
if (a>b)
   printf("a는 b보다 크다");
}
```
→ 실행결과

a는 b보다 크다

첫 번째는 a와 b는 같은 값이므로 (2 > 2)는 거짓이 되어 아무것도 출력되지 않고, 두 번째는 (10 > 9)는 참이므로 "a는 b보다 크다"라고 출력된다.

2. if else

조건이 거짓일 때 실행하는 문장을 else와 함께 추가할 수 있다.

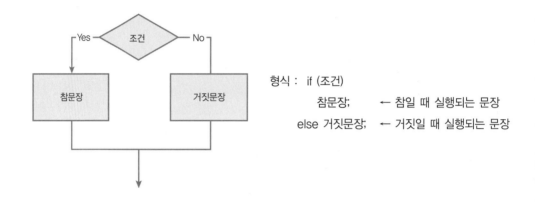

형식 : if (조건)
      참문장;   ← 참일 때 실행되는 문장
     else 거짓문장;   ← 거짓일 때 실행되는 문장

다음은 if만을 사용하여 음수를 구별하는 프로그램이다.

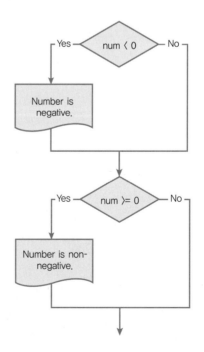

```
#include <stdio.h>
main()
{
  int num;
  printf ("Enter a number:");
  scanf ("%d", &num);
  if(num < 0) printf ("Number is negative.");
  if(num >= 0) printf ("Number is non-negative.");
}
```

➔ **실행결과**

Enter a number: 4

Number is non-negative.

Enter a number: −3

Number is negative.

다음은 if-else를 사용하여 음수를 구별하는 프로그램이다. 앞에서처럼 두 개의 if를 사용하기보다 if-else로 사용하는 것이 간결하고 성능도 좋다.

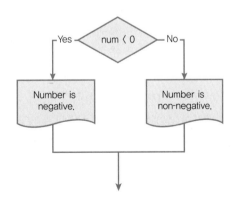

```
#include <stdio.h>
main()
{
  int num;
  printf("Enter a number: ");
  scanf("%d", &num);
  if(num < 0)
    printf("Number is negative.");
  else printf("Number is non-negative.");
}
```

➔ 실행결과

Enter a number: 4
Number is non-negative.

Enter a number: −3
Number is negative.

3. if {} else {}

두 개 이상의 문장들을 하나의 단위로 묶을 때 {과 }를 사용한다. {....}의 한 묶음을 블록이라 한다. 한 블록 내 문장들은 하나의 논리적 단위가 되어서 모두 수행하거나 또는 모두 수행하지 않는다. 이것은 조건문만의 특성이 아니고 프로그램의 공통 사항이다. 만약 참 또는 거짓일 때 수행할 문장이 여러 개인데 블록을 사용하지 않으면 결국 첫 번째 문장만 수행하는 오류를 범하므로 주의해야 한다.

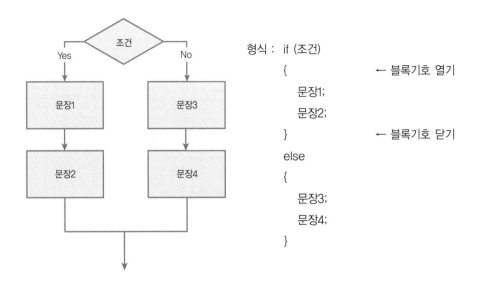

형식 : if (조건)
    {   ← 블록기호 열기
      문장1;
      문장2;
    }   ← 블록기호 닫기
    else
    {
      문장3;
      문장4;
    }

다음은 절대 값을 구하여 출력하는 프로그램이다. 출력문과 연산문을 블록으로 묶었다.

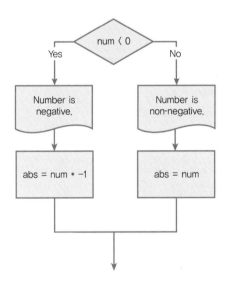

```
#include <stdio.h>
main()
{
  int num, abs;
  printf("Enter a number:");
  scanf("%d", &num);
  if(num < 0)
    {printf("Number is negative.");
    abs=num * -1;
    }
  else
  { printf("Number is non-negative.");
    abs=num;
  }
  printf("abs is %d ",abs);
}
```

➡ 실행결과

Enter a number: 4

Number is non-negative. abs is 4

Enter a number: −3

Number is negative. abs is 3

 **주의사항**

프로그램이 사용하는 연산자의 형태와 의미를 수학과 비교해 보았다. 관계
연산자가 포함된 수식은 프로그램에서 항상 조건으로 사용되기 때문에 아
래의 표처럼 의미적으로 질문형식이 됨을 잊지 않도록 한다.

수학		프로그램		차이점
+	더해라	+	더해라	
−	빼라	−	빼라	
×	곱해라	*	곱해라	
÷	나누어라	/	나누어라	
		%	나머지 구해라	추가
>	크다	>	큰가?	다른 의미
≧	크거나 같다	>=	크거나 같나?	다른 의미
<	작다	<	작은가?	다른 의미
≦	작거나 같다	<=	작거나 같나?	다른 의미
=	같다	==	같은가?	다른 의미
≠	다르다	!=	다른가?	다른 의미
		=	좌측에 넣어라	추가

➡ 활용

1. 문자의 크기 비교

```c
char c,d;
c='A';
d='B';
if (c>d)
  printf("%c is bigger than %c",c,d);
```

('A'>'B')는 거짓이므로 출력되지 않는다. ASCII 코드표에서 'A'가 'B'보다 앞에 있으니까 작은 것이다.

2. 조건에 값이 들어간 경우

```
int a,b;
a=3;
b=2;
if (a-b)
    printf("true");
```

(3-2)는 참, 거짓을 나타내는 조건이 아니고, 계산한 결과값이 1이다. 조건부에 값이 들어있으면 값의 속성에 따라 참과 거짓을 정하도록 규정하였다. 즉, 값이 0이 아니면 모두 참으로 정의한다. 여기서는 1이 나오므로 참에 해당되어 "true"가 나온다.

```
int a,b;
a=3;
b=3;
if (a-b)
    printf("true");
```

(3-3)은 0이니까 거짓이므로 출력되지 않는다.

3. 사용자의 잘못된 입력

```
char type;
printf("성별을 입력하세요. 남:M, 여:F");
scanf("%c",&type);
if (type == 'M')
        printf("남성");
else printf("여성");
```

사용자가 M을 입력하면 "남성"으로 출력되고 F를 입력하면 "여성"으로 출력된다. 그러나 사용자가 실수로 M도 아니고 F도 아닌 값을 입력하면 어떻게 될까? 이 소스를 따라가면 "여성"으로 출력된다. 이처럼 사용자의 잘못된 입력까지 고려한다면 다른 방법을 강구해야 한다. 다음에 나오는 '3장 중첩조건'에서 이를 해결한다.

4. 블록기호의 오류 1

```
char type,q1;
printf("성별을 입력하세요.  남:M,  여:F");
scanf("%c",&type);
if (type == 'M')
    printf("남성이군요.  군필이신가요?");
    scanf("%d",&q1);
else printf("여성이네요");
```

이 경우는 다음과 같은 오류가 발생한다. 조건이 참인 경우 실행할 문장이 두 개인데 블록을 사용하지 않았기 때문이다. 컴파일에서 이처럼 알려주는 경우는 그나마 다행스러운 일이다.

```
error C2181: illegal else without matching if
```

5. 블록기호의 오류 2

```
int q;
char type;
printf("성별을 입력하세요.  남:M,  여:F");
scanf("%c",&type);
if (type == 'M')
    printf("남성이군요.");
else printf("여성이네요.  출산 경험이 있으신가요?  ");
        scanf("%d",&q);
```

이 경우는 컴파일하면 아무런 오류도 없지만, 실행시켰을 때 M을 입력한 경우에도 화면에서 입력대기 커서가 깜빡거린다. else에 해당하는 실행문 두 개를 블록으로 묶지 않았기 때문에 두 번째 입력문은 항상 실행된 것이다. 즉, 컴파일에서 오류를 알려주지 않고 실행결과가 다르게 나오는 불행한 경우이다.

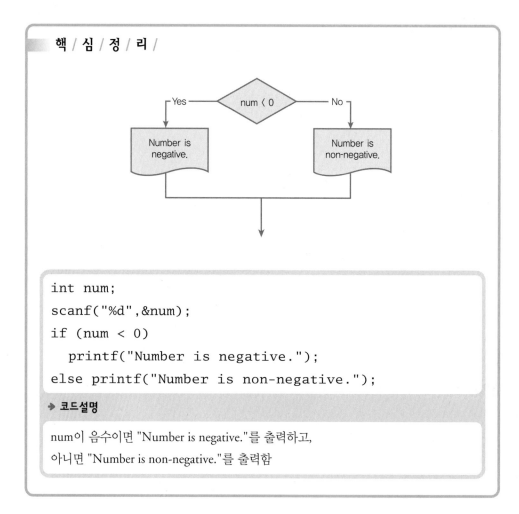

핵 / 심 / 정 / 리 /

```
int num;
scanf("%d",&num);
if (num < 0)
    printf("Number is negative.");
else printf("Number is non-negative.");
```

➜ **코드설명**

num이 음수이면 "Number is negative."를 출력하고,
아니면 "Number is non-negative."를 출력함

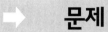 문제

1. 두 수를 입력받아 큰 수를 출력하도록 코딩하여라.

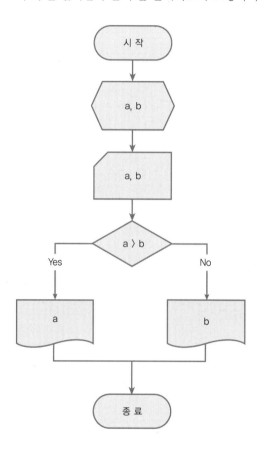

중첩 조건

개념

다음은 조건이 중첩되는 일상의 사례이다. 여기서 주의할 점은 한 개의 판단구조에서 분기된 두 가닥은 반드시 다시 모아져서 한다는 것이다. '버스 파업했나' 의 두 분기를 먼저 묶은 상태에서 그것과 '지하철을 탄다' 를 다시 묶어야 한다. 세 가지 경우를 한 번에 묶거나 짝을 잘못 맞추어 묶지 않아야 한다. 이는 코딩 상에서 어떻게 블록으로 묶는지와 연관이 있다.

– 지하철이 파업했나?
– 지하철이 파업했다면 : 버스가 파업했나?
　　　　　　　　　　　버스가 파업했다면 : 택시를 탄다.
　　　　　　　　　　　버스가 파업하지 않았다면 : 버스를 탄다.
– 지하철이 파업을 안 했다면 : 지하철을 탄다.
– 학교에 간다.

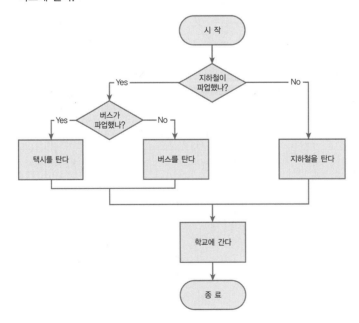

다음은 중첩의 횟수가 더 많고, 프로그램 명령으로 구성된 순서도를 보여준다.

– a가 b보다 큰가?
– 크다면 : a를 출력한다.
– 크지 않다면 : b는 c보다 큰가?

        크다면 : b를 출력한다.

        크지 않다면 : c는 d와 같지 않은가?

                같지 않다면 : c를 출력한다.

                같다면 : d를 출력한다.

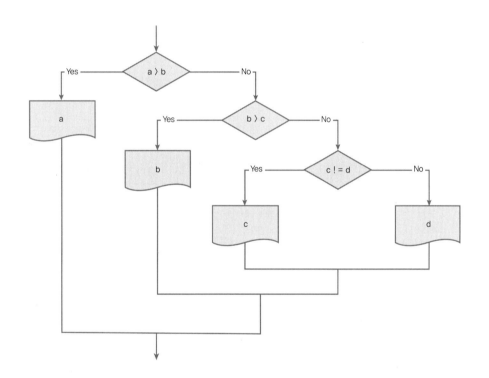

다음은 나이를 입력받아 해당 나이에 맞는 표준 복용량을 출력하는 예제이다(8세 미만: 1알, 15세미만: 1.5알, 나머지: 2알).

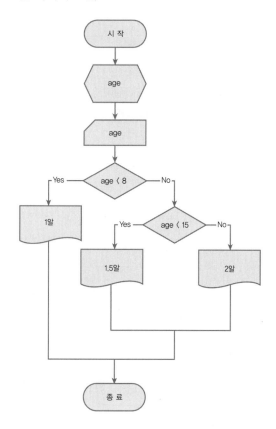

```
#include <stdio.h>
main()
{
int age;
scanf("%d",&age);
if (age<8)
    printf("1알");
else if (age<15)
        printf("1.5알");
    else printf("2알");
}
```

→ **실행결과**

7 1알
18 2알
14 1.5알

주의사항

1. 순서도 오류

1)

a==0이어야 함. 실수를 많이 하는 부분임.

a= 0이면 'a에 0을 넣어라'이고, a== 0이면 'a가 0이냐?' 임.

2)

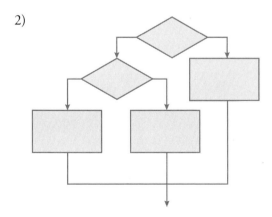

중첩 if에서 반드시 두 개씩 묶어야 함. 여기서는 세 개를 한꺼번에 묶어서 오류임.

3)

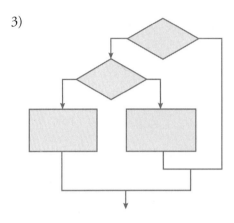

자신과 짝이 되는 것끼리 묶어야 함.

4)

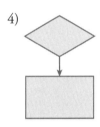

조건이 두 개로 분기하지 않음.

5)

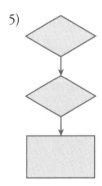

조건이 두 개로 분기하지 않고 연이어 나옴.

2. 코딩 시 주의사항

▶ if ( ) ;

if 조건 뒤에 ;을 넣는 경우 매우 많이 실수함. 이렇게 하면 조건만 검사하고 if 문장이 종결되어버림.

▶ if (a = 0) ....

조건문 안에서는 반드시 a==0이어야 함. a는 0인가를 물어서 참과 거짓을 이용함.

▶ else (a ⟨ b)

else 뒤에 if 없이 조건문을 넣는 경우. 조건문은 항상 앞에 if와 짝임.

▶ **마지막 else 뒤에 불필요한 if ( )를 넣는 경우**

거짓 조건에 모두 해당되는데 불필요하게 한 번 더 검사하는 경우. 아래의 경우 else 뒤 조건은 불필요함. 단, 오류는 아님.

```
if (a>10)
  {...}
else if (a<=10)
  {...}
```

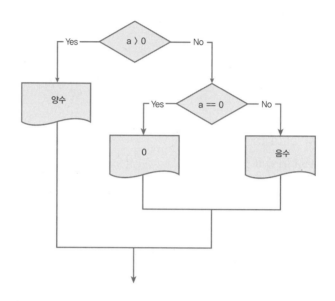

```
int a;
scanf("%d",&a);
if (a>0)
    printf("양수");
else if (a==0)
        printf("0");
      else printf("음수");
```

▶ 코드설명

조건의 참문장 또는 거짓문장이 다시 조건을 포함하는 것을 중첩 조건이라 함.
복잡해보이지만 조건문 전체를 하나의 문장으로 취급하면 됨.
a가 양수면 "양수" 출력하고, 아니면 다시 a가 0이면 "0" 출력하고,
아니면 "음수" 출력함.

문제

1. 점수를 입력받아 90점 이상은 A, 80점 이상은 B, 70점 이상은 C, 60점 이상은 D, 나머지
는 모두 F를 출력한다. 두 가지 순서도에 맞추어 두 가지로 코딩하여라.

1) DFD

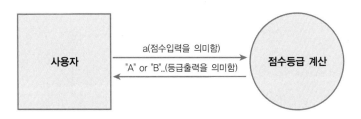

2)

순서도 1

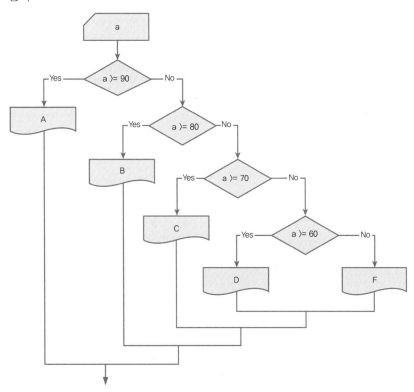

순서도 2

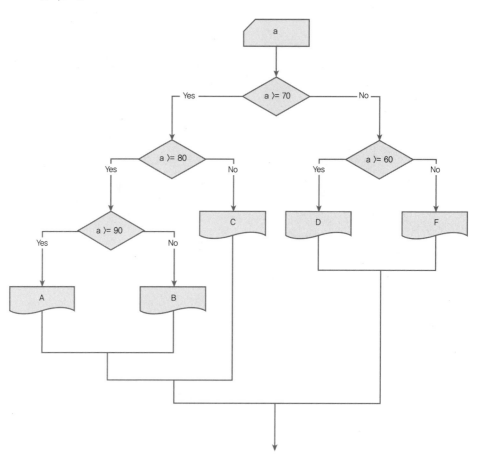

일상 반복

개념

우리는 일상에서 다양한 반복 행동을 하게 된다. 이를 순서도로 표현하는 경우 화살표가 거꾸로 올라가고 반복이 종료되는 조건이 필요하다. 아래의 사례들처럼 일상에서 경험하는 반복 상황들은 프로그램 코딩과 매우 유사함을 알 수 있다.

▶ 사례 : do while(최소 1회)

1학기 마치기 전까지
방위산업체 자격증을 따려고
저녁에 학원을 다닌다.
1학년 1학기를 마치고 휴학을 한다.
(반복: 학원다님
종료: 1학기 마침)

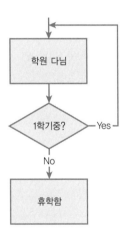

아침 7시에 일어난다.
그 전에 일어나면 다시 잔다.
(반복: 잔다
종료: AM 7시)

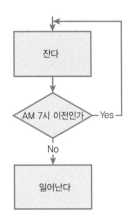

▶ 사례 : while(최소 0회)

초록 불이면 건너고,
빨간 불이면 기다렸다가
초록불로 바뀌면 건넌다.
(반복: 기다린다
종료: 초록불)

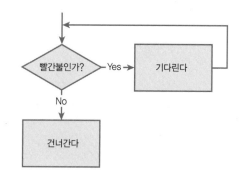

▶ 사례 : for

핸드폰이 새벽 5시부터 울린다.
10분 간격으로
총 3번 울리게 해놓았는데
만약 이렇게 해서 못 일어나면
깨울 때까지 잠에 취해 있다.
(반복: 알람 울림, 횟수 증가
종료: 횟수 3 넘음)

반복 순서도를 작은 단위로 나누어 그려보면 다음과 같은 다양한 경우를 만난다.

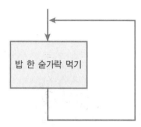

이것은 밥 한 숟가락 먹기를 반복하는데, 종료 조건이 없기 때문에 무한 반복이다. 종료 조건을 넣을 때는 반복 문장의 시작부에 넣거나 또는 종료부에 넣는 두 가지가 있다. 전자는 밥을 한 숟가락도 안 먹을 가능성이 있지만, 후자는 반드시 한 숟가락이라도 먹는다는 차이점을 갖는다.

1) 배고픈가 먼저 묻고 밥 먹기

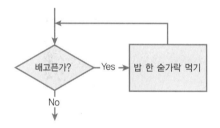

2) 밥 한 숟가락 먹고 배고픈가 묻기

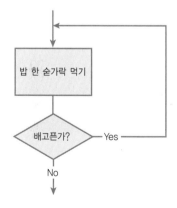

배고픈 상태가 변하는 것에 따라 반복을 종료할 수도 있지만, 원하는 횟수만큼 반복하기도 한다. 다음은 밥 다섯 숟가락 먹기인데, 횟수를 확인하기 위해 cnt라는 변수를 증가시켜가면서 반복하였다.

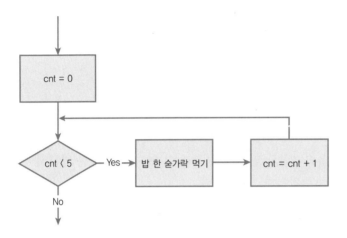

→ 문제

1. "단어를 5번 써볼 것"을 순서도로 그려라.

2. "단어를 다 외울 때까지 써볼 것"을 순서도로 그려라.

기본 반복

개념

1. **while 반복문**

반복의 첫 부분에서 조건을 검사하므로 처음부터 거짓이면 문장이 한 번도 실행되지 않는다. 문장이 몇 번이나 반복되는지는 조건이 언제 거짓으로 변경되는가에 달려 있다. 조건이 변하지 않거나 영원히 거짓이 안 되는 경우는 무한 반복의 오류에 빠지므로 주의해야 한다.

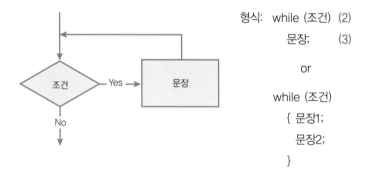

형식: while (조건) (2)
　　　　문장;　　(3)

　　　　　or

while (조건)
　{ 문장1;
　　문장2;
　　}

－ (조건)이 참일 동안 (문장)을 반복
－ 2개 이상의 문장일 때 블록 사용

반복순서는 (2) → (3) → (2) → (3) ... (2) → (3) → (2)이다. 즉, (2)와 (3)이 반복되다가 마지막에 (2)를 한 번 더 검사한 후 반복이 종료된다.

다음은 hello를 5회 출력하는 프로그램이다.

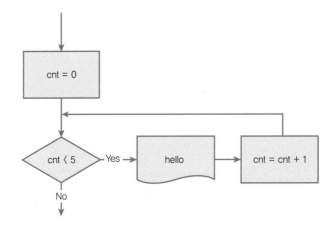

```
#include<stdio.h>
main()
{ int cnt;
  cnt=0;
  while (cnt <5)
  { printf("hello\n");
    cnt=cnt+1;
  }
}
```

2. for 반복문

while과 기본적인 반복구조는 동일하다. 단지 지정된 횟수만큼 반복하므로 반복변수를 제어하기 위한 초기화와 증감연산이 추가된 것이다(두 가지를 빼면 while과 같음). 그러나 세 가지 부분이 각각 존재하지 않을 때는 자리만 만들어서 비워두면 된다. 예: for (;;)

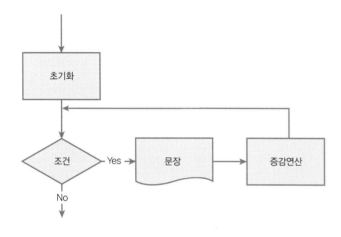

형식: for(초기화(1); 조건(2); 증감연산(4))
　　　　문장; (3)

　　　　　　or

　　　for(초기화; 조건; 증감연산)
　　　{ 문장1;
　　　　문장2;
　　　}

– (조건)이 참인 동안 (문장)이나 블록을 반복함
– 지정된 횟수만큼 (문장)이나 블록을 반복함
– 초기화: 반복을 제어하는 변수에 초기값을 설정. 반복이 시작되기 전에 한 번만 실행
– 조건: 반복을 시작할 때 마다 조건을 검사하여 참이면 반복은 계속되고 거짓이면 반복 종료
– 증감연산: 매회 반복의 끝에서 실행. 반복 제어 변수의 값을 증가 혹은 감소

반복순서는 (1) → (2) → (3) → (4) → (2) → (3) → (4) ... (2) → (3) → (4) → (2)이다. 즉, 처음에 (1)을 한 번 하고 (2)와 (3)과 (4)가 순서대로 반복되다가 마지막에 (2)를 한 번 더 검사한 후 반복이 종료된다.

다음은 hello를 5회 출력하는 프로그램이다.

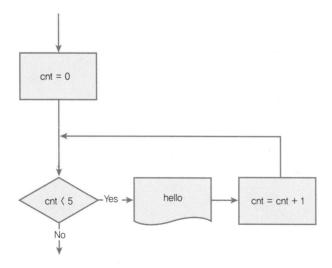

```
#include<stdio.h>
main()
{ int cnt;
   for (cnt=0;cnt<5;cnt=cnt+1)
       printf("hello₩n");
   }
```

3.　do-while 반복문

while은 조건검사를 하고 문장을 실행하지만 do-while은 문장을 실행하고 조건 검사를 한다. 따라서 while은 0회 반복이 가능하지만 do-while은 최소 1회는 반복을 한다.

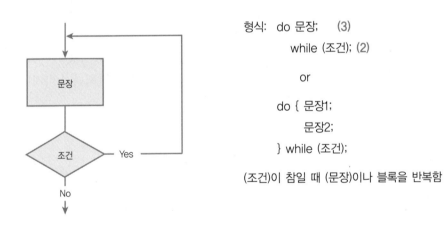

형식: do 문장;   (3)
        while (조건); (2)

        or

do { 문장1;
    문장2;
} while (조건);

(조건)이 참일 때 (문장)이나 블록을 반복함

반복순서는 (3) → (2) → (3) → (2) ... (3) → (2)이다. 즉, (3)과 (2)가 반복되다가 마지막 (2)를 검사한 후 반복이 종료된다.

다음은 hello를 5회 출력하는 프로그램이다. 조건검사를 뒤에서 하기 때문에 앞에 나
온 while과 for와는 다른 순서도를 갖는다.

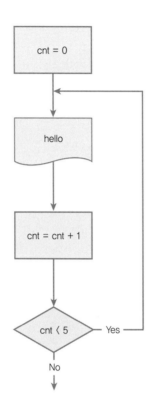

```
#include<stdio.h>
main()
{ int cnt;
  cnt=0;
  do
  { printf("hello\n");
    cnt=cnt+1;
  }
  while (cnt<5);
}
```

4. 비교

다음은 hello를 5회 출력하는 프로그램이다. 앞에서 설명한 세 가지 반복문을 함께 비교해본다. 서로 연결된 화살표를 보면서 구조의 차이를 이해하도록 한다.

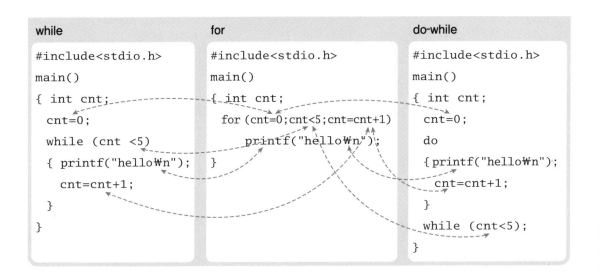

while	for	do-while
``#include<stdio.h>
main()
{ int cnt;
cnt=0;
while (cnt <5)
{ printf("hello\n");
cnt=cnt+1;
}
}```	```#include<stdio.h>
main()
{ int cnt;
for (cnt=0;cnt<5;cnt=cnt+1)
printf("hello\n");
}```	```#include<stdio.h>
main()
{ int cnt;
cnt=0;
do
{printf("hello\n");
cnt=cnt+1;
}
while (cnt<5);
}```

 주의사항

∷ for ( ) ; 또는 while ( ) ;

for 또는 while 조건 뒤에 ;을 넣는 경우 매우 많이 실수함. 이렇게 하면 조건만 검사하고 반복문장이 종결되어버림.

∷ 반복하고자 하는 명령이 복수인데도 { }로 묶지 않아서 첫 명령만 수행하는 실수도 자주 발생함.

범생　언제 for를 사용하고 while은 또 언제 사용하나요?

 샘　기능적으로는 완전히 같아. 얼마나 코딩을 간결하게 하는가와 습관의 차이 정도라고 할 수 있는데, 일반적으로 횟수를 계산해가며 반복하는 경우 for 를 쓰고 나머지는 while을 사용하지. 횟수 초기화하고 증감하는 부분을 반 복문법이 포함하고 있으니까.

 날리　아! 결국 내 맘대로 써도 되죠?

 샘　하지만 while과 do-wile은 순서도의 차이처럼 다르므로 세심하게 구분해 서 사용해야 해.

다
·
이
·
얼
·
로
·
그

➡ 활용

1.　**1에서 10까지의 수를 화면에 출력한다.**

```c
#include<stdio.h>
main()
{ int i;
    for (i=0; i<10; i++)
        printf ("%d", i+1);
}
```

◆ 실행결과

1 2 3 4 5 6 7 8 9 10

이제까지는 "i=i+1"이 나오다가 갑자기 "i++"이 등장했다. 여기서 ++은 증감연산자로서 앞에 있는 변수를 1만큼 증가시킨다. 따라서 "i=i+1"과 같은 의미이다. "i--"는 "i=i-1"과 같은 의미이다. 많이 사용되는 명령어이기 때문에 축약된 기호가 나온 것이라 생각하자(++이 지금처럼 변수 뒤에 있는 것 말고 변수 앞에 있기도 한데, 그건 복잡하니까 나중에 학습하도록 한다).

2. 반복이 한 번도 실행되지 않는 경우이다. i의 초기값이 11이고 첫 반복에서 조건이 거짓이 된다.

```
#include<stdio.h>
main()
{ int i;
   for (i=11;i<11;i++)
       printf ("%d", i);
}
```

3. 10보다 작은 홀수만 출력한다. 2씩 증가하는 연산을 사용한다.

```
#include<stdio.h>
main()
{ int i;
   for (i=1; i<10; i=i+2)
       printf ("%d", i);
}
```

➡ 실행결과

```
13579
```

4.　계산 반복하기

```c
#include<stdio.h>
main()
{ int i, sum=0;
  for (i=1; i<11; i++)
    sum = sum + i;
  printf("%d",sum);
}
```

➜ 실행결과

55

반복을 하면서 값을 누적해서 계산하는 경우가 많다. 위의 결과는 1부터 10까지의 합을 계산하여 출력한다. 그런데 "sum = sum + num;"이 첫 번째 수행될 때 읽어오는 sum은 무엇을 가지고 있을까? sum을 선언하면서 초기화하지 않으면 알 수 없다. 누적용 변수로 사용하려면 반드시 초기화를 해야 한다. 합으로 누적할 때는 0으로 초기화하고 곱으로 누적할 때는 1로 초기화해야 한다.

5.　4번 문제를 while로 변경하기

```c
#include<stdio.h>
main()
{ int i=1, sum=0;
  while (i<11)
    { sum = sum + i;
      i++;
    }
  printf("%d",sum);
}
```

➜ 실행결과

55

for의 초기화 부분을 변수선언 초기화로 반영하고, 증감부분을 누적계산 실행문 뒤에 넣는다. for에서는 반복할 실행문이 하나였는데 비해 while에서는 두 개로 바뀌어 블록기호가 필요하다.

6. 5개의 정수를 입력받아 평균을 출력하기

```
#include<stdio.h>
main()
{ int i, num, sum=0;
  for (i=0; i<5; i++)
    { scanf("%d",&num);
      sum = sum + num;
    }
  printf("평균은 %d",sum/5);
}
```

→ 실행결과

10 20 30 40 50
평균은 30

num은 입력변수이므로 별도의 초기화가 필요없다. 평균을 계산하는 것이므로 출력할 때 횟수인 5로 나눈다.

7. **반복 횟수를 먼저 입력받은 후, 그 횟수만큼 정수를 입력받아 출력하기**

```
#include<stdio.h>
main()
{ int i, num, cnt, sum=0;
  printf("몇 회 반복할 것인가요?");
  scanf("%d",&cnt);
  printf("%d회 반복하여 정수를 입력하세요 ₩n", cnt);
  for (i=0; i<cnt ; i++)
    { scanf("%d",&num);
      sum = sum + num;
    }
  printf("평균은 %d",sum/cnt);
}
```

➔ **실행결과**

몇 회 반복할 것인가요? *3*
3회 반복하여 정수를 입력하세요
10 20 30
평균은 20

횟수를 입력받기 위해 변수 cnt를 추가한다. 반복의 종료조건과 평균계산식에 cnt
를 사용한다.

핵 / 심 / 정 / 리 /

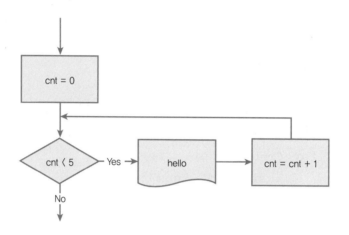

while	for
`int cnt;`	`int cnt;`
`cnt=0;` (1)	
`while (cnt <5)` (2)	`   (1)      (2)         (4)` `for(cnt=0;cnt<5;cnt=cnt+1)`
`{ printf("hello\n");` (3)	`    printf("hello\n");` (3)
`  cnt=cnt+1;` (4)	
`}`	

반복순서는 공통적으로 (1) → (2) → (3) → (4) → ... (2) → (3) → (4) → (2)이다.

(1) cnt=0을 한 번 수행하고 (2) cnt<5를 검사하여 참이면

(3) hello를 출력한다. (4) cnt를 1 증가시키고 (2) cnt<5를 검사하여 참이면 hello를 출력한다. hello가 5회 출력되면 cnt가 5까지 증가되어 (2) cnt<5가 거짓으로 반복이 종료된다.

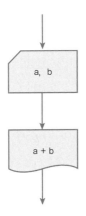

문제

다음 순서도에 맞추어 해당 기능을 수행하도록 코딩하여라.

1. 두 수를 입력받아 합을 출력한다.

2. 두 수를 입력받아 합을 출력하는 것을 5회 반복한다.

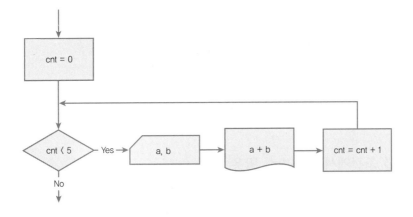

반복 응용

개념

이번 장은 5장을 명확히 이해한 상태에서 학습하길 바란다. 반복의 단위구조를 세 가지로 표현하였다. 첫 번째는 반복 시작에서 조건검사를 하고 두 번째는 반복 종료에서 조건검사를 한다. 그런데 세 번째는 조건이 중간에 들어있다. 반복 문장의 그룹은 모두 수행하거나 모두 수행하지 않아야 하므로 중간에 조건이 나올 수 없어서 세 번째 경우는 올바르지 않은 예이다.

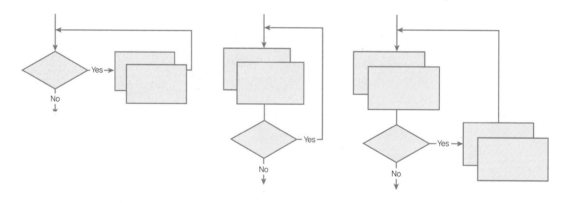

1. 반복 조건에서 상태변수 활용

매회 반복하고 나서 사용자에게 물어서 반복여부를 결정하는 경우이다. while이나 for를 사용할 때는 조건검사가 먼저 이루어지므로 반복을 시작하기 전에 상태변수를 참으로 초기화해서 첫 번째 반복은 항상 시작되도록 한다.

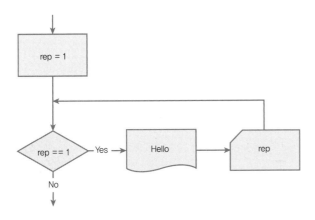

– 상태변수(rep)를 선언하고 반복 조건을 만족하는 초기값을 할당(rep = 1)하여 첫 번째 반복(rep가 1이므로 참)은 반드시 실행되게 함.

– 1회 반복을 하고나면 사용자에게 물어서 상태변수를 변화시킨 후(rep 입력) 이후부터는 사용자가 입력한 값에 따라서 반복여부가 결정됨.

– 사용자가 1이 아닌 값을 입력하면 조건이 거짓이 되어 반복을 종료함.

세 가지 반복문을 보여준다. 단 do-while은 순서도가 위의 것과 다르고 rep의 초기화가 필요 없다.

while	for	do-while
``#include<stdio.h>
main()
{ int rep;
rep=1;
while (rep==1)
{ printf("hello\n");
printf("again ?");
scanf("%d",&rep);
}
}```	```#include<stdio.h>
main()
{ int rep;
rep=1;
for(;rep==1;)
{ printf("hello\n");
printf("again ?");
scanf("%d",&rep);
}
}```	```#include<stdio.h>
main()
{ int rep;
do
{ printf("hello\n");
printf("again ?");
scanf("%d",&rep);
}
while (rep==1);
}```

➔ **실행결과**

hello
again ? *1*
hello
again ? *1*
hello
again ? *0*

2. 반복 조건에서 입력변수 활용

0보다 큰 두 수를 입력받아 합을 출력하는 것을 반복하는 경우를 생각해 보자. 즉, 둘 중 하나라도 0보다 크지 않으면 반복을 종료한다. 이 경우는 반복을 종료하는 조건에서 입력받는 변수를 이용해야 하므로 약간 복잡하게 보인다. 다음의 4가지 경우를 비교해 보자. 여기서 구조적이란 프로그램으로 옮길 수 있음을 의미한다.

:: **비구조적, 작동**

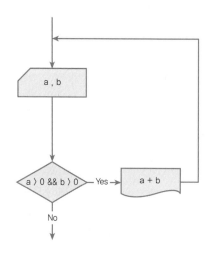

작동할 것처럼 보이나, 프로그램으로 옮길 수 없음. 즉, 반복에 있어서 조건은 시작 또는 끝에 있어야 하는데 이 경우는 중간에 있음

:: **구조적, 비작동**

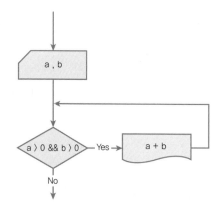

올라가는 화살표를 조건 바로 위로 들어가게 수정함. 이제 조건이 시작 부분으로 변경됨. 순서도상에는 문제가 없고 프로그램으로 옮길 수도 있지만, 입력을 1회만 받으므로 정상 작동을 하지 않음. 즉 반복 안에 입력이 없음

구조적, 비작동

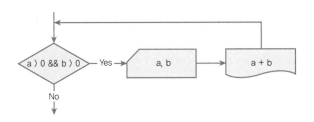

다시 입력을 반복 안으로 넣었음. 순서도가 구조적이고 프로그램으로 옮길 수 있으나, 첫 반복을 시작할 때 입력을 한 번도 하지 않은 상태라서 비정상 작동을 함.

구조적, 작동

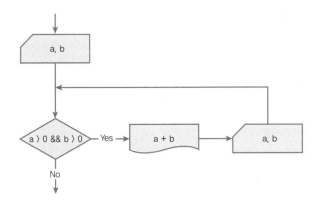

반복 전에 1회만 입력받고 반복에 들어가서는 출력과 입력의 순서대로 반복하도록 함. 구조적이면서 정상 작동함.

다음은 위의 순서도를 코딩한 것이다. 입력변수를 반복 조건에서 활용하려면 입력문을 반복 앞으로 빼낸 후 반복 안에는 나머지 반복할 문장들을 넣고 마지막에 입력문을 다시 넣는다.

```c
#include<stdio.h>
main()
{ int a,b;
  scanf("%d%d",&a,&b);
  while (a>0 && b>0)
  { printf("%d\n",a+b);
    scanf("%d%d",&a,&b);
  }
}
```

> **실행결과**
>
> *3 4*
> 7
> *5 6*
> 11
> *4 0*

입력을 최소 1회 실행해야 한다는 면에서 do-while로 변경하기 적절하다. while처럼 입력문을 반복 앞으로 빼내서 두 번 적어주지 않아도 된다.

```
#include<stdio.h>
main()
{ int a,b;
  do { scanf("%d%d",&a,&b);
       printf("%d\n",a+b);
  } while (a>0 && b>0);
}
```

미완성

> **실행결과**
>
> *4 0*
> 4

그러나 둘 다 양수가 아닌 마지막 조건에 해당될 때도 출력을 하고 반복을 종료하게 되어 다음과 같이 출력문에 if 조건을 추가해야 한다. 결국 코드의 간결성에는 차이가 별로 없다. 두 가지가 동일하게 작동되지만 while이 일반적으로 선호된다.

```
#include<stdio.h>
main()
{ int a,b;
  do {scanf("%d%d",&a,&b);
      if (a>0 && b>0)
```

```
            printf("%d\n",a+b);
      } while (a>0 && b>0);
}
```

➜ 실행결과

4 0

 키워드

연산자 우선순위 표

설명	일반적인 것	특수한 것
최우선	() 괄호	[] (배열) -〉. (구조체)
단항	++, --, ! ⑤	~(보수) +, - (부호) * (포인터) & (주소)
곱셈 / 나눗셈 / 나머지	*, /, %	
덧셈 / 뺄셈	+, -	
쉬프트		〈〈〉〉
관계	〈, 〈=, =〉, 〉 ①	
등가	==, != ②	
비트AND		&
비트XOR		^
비트OR		|
논리곱	&& ③	
논리합	|| ④	
조건		?:
할당	=, +=, -=, *=, /=, %=	
콤마		,

관계 연산자: ①, ②

두 값을 비교하여 비교 결과에 따라 참 또는 거짓을 반환

(>, >=, <, <=, ==, !=)

논리 연산자: ③, ④, ⑤

참(T:True)과 거짓(F:False)을 연산하여 다시 참 또는 거짓을 반환

&& (and의 의미)	‖ (or의 의미)	! (not의 의미)
T&& T → T T&& F → F F&& T → F F&& F → F 모두 참일 때만 결과가 참	T‖ T → T T‖ F → T F‖ T → T F‖ F → F 하나만 참이어도 결과는 참	!T → F !F → T 참이면 거짓 거짓이면 참

연산자 합성 예제 1

```
if (a>0 && b>0) printf("%d,",a+b);
```

a>0에서 >는 관계연산자이고 두 개의 관계연산을 묶는 &&는 논리연산자다. 두 가지 연산자 중에서 관계연산자가 더 높은 우선순위를 가지므로(위의 우선순위 표 참조) 관계연산의 결과를 논리연산에 적용한다. 이때 논리연산자 &&는 둘 다 참일 때만 참이므로 'a가 0보다 크고 그리고 b도 0보다 크면'으로 해석하면 된다. 즉, '두 개 모두 0보다 크면'과 같은 의미이다.

연산자 합성 예제 2

```
var>max || !(max==100) && item>=0
```

1) var>max

2) !(max==100)

3) item>=0

앞의 두 가지 관계연산 1), 2) 중 최소 하나가 참이고, 그리고 세 번째 연산 3)이 참일 때 최종 결과가 참이 된다.

활용

1. 자신의 이름을 출력한 후 반복 여부를 물어서 반복한다.

```c
#include<stdio.h>
main()
{ int rep=1;
  while (rep==1)
  { printf("홍길동₩n");
    printf("again ?");
    scanf("%d",&rep);
  }
}
```

➡ 실행결과

```
홍길동
again ?1
홍길동
again ?1
홍길동
again ?0
```

2. 정수를 반복적으로 입력받아서 합을 구한다. 음수가 입력되면 반복을 종료하고 합을 출력한다.

```c
#include<stdio.h>
main()
{ int a,sum=0;
  scanf("%d",&a);
```

```
while (a>=0)
{sum=sum+a;
 scanf("%d",&a);
}
printf("%d",sum);
}
```

실행결과

```
3
4
5
-1
12
```

3.　1에서 5까지의 곱을 출력한다.

```
#include<stdio.h>
main()
{ int num, prod=1;
  for(num=1;num<6;num++)
    prod = prod * num;
  printf("%d",prod);
}
```

실행결과

```
120
```

4. 1~3까지의 메뉴를 입력받을 때까지 반복한다. while과 do-while의 두 가지를 비교해 본다.

while	do-while

```c
#include<stdio.h>
main()
{ int a;
  scanf("%d",&a);
  while (a < 1 || a > 3)
  { printf("Error ! Again \n");
    scanf("%d",&a);
  }
}
```

```c
#include<stdio.h>
main()
{ int a;
  do
  { printf("Enter \n");
    scanf("%d",&a);
  }
  while (a < 1 || a > 3);
}
```

➔ 실행결과

```
4
Error ! Again
8
Error ! Again
3
```

➔ 실행결과

```
Enter
4
Enter
8
Enter
3
```

핵 / 심 / 정 / 리 /

상태변수

```
rep=1;
while (rep==1)
{ printf("hello\n");
  printf("again ?");
  scanf("%d",&rep);
}
```

➡ 코드설명

상태변수를 초기에 참이 되게 하여 첫 회 반복을 반드시 실행하고 이후부터는 반복문장들을 실행하고 나서 상태변수를 입력받아 그 상태변수에 따라 반복여부가 결정됨.

입력변수

```
int a,b;
scanf("%d%d",&a,&b);
while (a>0 && b>0)
  { printf("%d\n",a+b);
    scanf("%d%d",&a,&b);
}
```

➡ 코드설명

반복 전에 1회만 입력받아서 입력변수를 검사하여 반복을 시작하고, 반복문장들을 실행하고 나서 다음 입력을 받아 반복여부를 결정함. 즉, 반복문장들과 입력의 순서로 반복문이 이루어짐.

→ 문제

다음 순서도에 맞추어 해당 기능을 수행하도록 코딩하여라.

1. 두 수를 입력받아 첫 번째 수를 두 번째 수만큼 곱한 결과를 출력하여라.

(예: 3과 4를 입력받으면 3의 4승(3*3*3*3=81)을 출력함)

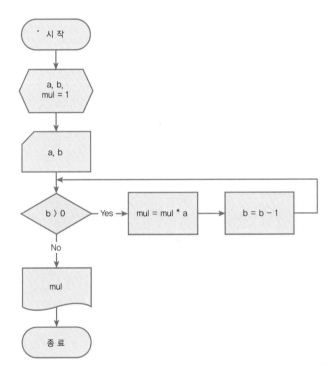

◆ 실행결과

2 4
result is 16

2. 실수형 숫자 하나를 입력받아서 양수면 "양수"를 출력하시오. 이와 같은 작업을 5회 반복하여라.

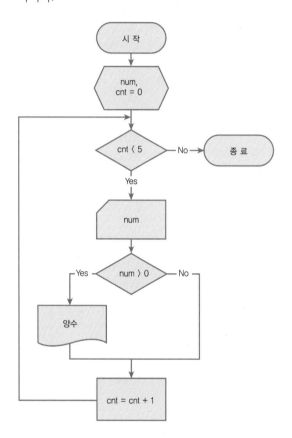

◆ **실행결과**

3.4
양수
2.3
양수
−2.5
6.7
양수
0.4
양수

3. 실수형 숫자 하나를 입력받아서 0보다 크면 "양수"를 출력한 후 반복 여부를 물어서 입력
과 출력 작업을 반복하여라.

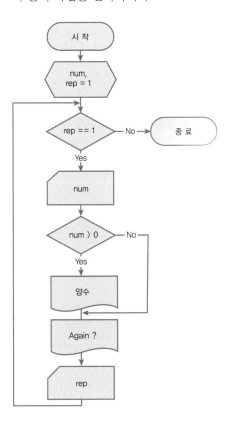

➤ 실행결과

3.4
양수
Again ?
1
2.5
양수
Again ?
1
−0.2
Again ?
0

기타 명령

개념

1. 블록 탈출(break)

break는 소속된 블록을 즉시 벗어나게 한다. 아래 소스에서 for의 종료조건은 i<10이므로 10회 반복하도록 되어 있지만, 내부에 있는 조건문 if (i==5)가 만족되면 break를 만나 다음 줄인 printf("after \n");는 수행하지 않고, for 블록을 빠져나와 printf("End");를 수행한다. 반복의 종료조건과 관계없이 중도에 반복을 종료시키는 효과를 갖는다. 순서도를 함께 보면서 확인한다.

```
#include <stdio.h>
main()
{ int i;
  for (i=0; i<10; i++) {
    printf("before %d ", i);
    if (i==5) break; /* 블록을 탈출한다 */
    printf("after \n");
  }
  printf("End");
}
```

→ 실행결과

```
before 0 after
before 1 after
before 2 after
before 3 after
before 4 after
before 5 End
```

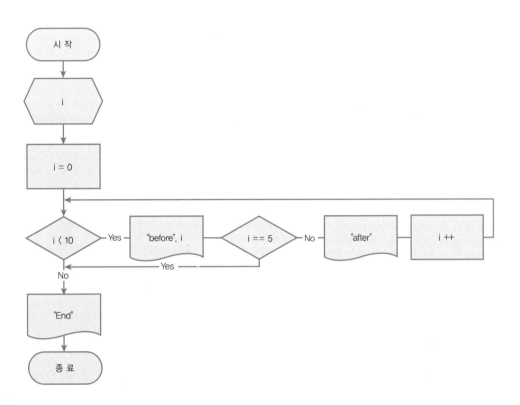

2. 블록 이동(continue)

continue는 블록 내 나머지를 수행하지 않고 블록의 시작으로 이동한다. 조건문 if
(i==5)가 만족되면 continue를 만나 다음 줄인 printf("after₩n");는 수
행하지 않고, for의 처음으로 이동하여 다음 반복을 계속 한다. 결과를 보면 5만
after가 출력되지 않고, 10회 반복은 완료한다. break와 continue를 비교해보면
단어 의미처럼 '끝내다'와 '계속하다'이다. 두 가지 순서도를 비교해 보면서 확인한다.

```c
#include <stdio.h>
main()
{ int i;
   for (i=0; i<10; i++) {
      printf("before %d ", i);
      if (i==5) continue; /* 반복의 처음으로 간다. */
```

```
        printf("after \n");
    }
    printf("End");
}
```

→ 실행결과

before 0 after
before 1 after
before 2 after
before 3 after
before 4 after
before 5 before 6 after
before 7 after
before 8 after
before 9 after
End

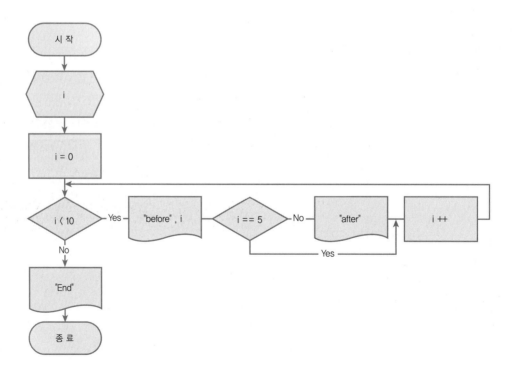

3. 다중 선택(switch)

이제까지는 조건문의 결과가 참과 거짓인가에 따라 두 가지로 분기하였다. 다중 선택은 참, 거짓이 아닌 의미 있는 값을 검사하여 다중 경로로 분기한다. 일상에서 많은 예를 경험할 수 있다.

▶ **사례 : switch/case**

교통수단을 선택한다.

case1: 학교버스를 타고 목적지까지 간다.

case2: 540번을 타고 호계신사거리에서 11-5번을 갈아타고 목적지까지 간다.

case3: 540번을 타고 산본역에서 내려 목적지까지 걸어간다.

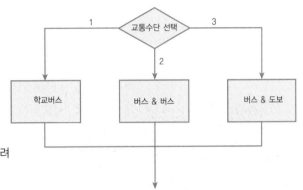

switch 뒤에 나오는 (수식)이 값1이면 문장1을 실행, 값2이면 문장2를 실행하고, 해당되는 것이 없을 때는 default에 있는 문장3을 실행한다. default는 마지막에 넣어야 한다. 값1이 해당될 때 문장1을 실행하고, break를 만나 switch 블록을 탈출한다. 마지막 default는 끝부분이어서 별도의 break가 필요없다.

```
switch(수식) {
        case 값1:
                문장1;
                break;
        case 값2:
                문장2;
                break;
        default :
                문장3;

}
```

다음은 입력받은 값이 1, 2, 3, 기타일 때 각각에 해당하는 문장을 출력하도록 if를 사용한 예이다.

```c
#include <stdio.h>
main()
{
  int number;
  scanf("%d", &number);
  if(number == 1)
    printf("숫자는 1이다. \n");
  else if(number == 2)
    printf("숫자는 2이다. \n");
  else if(number == 3)
    printf("숫자는 3이다. \n");
  else
    printf("잘못된 입력이다. \n");
}
```

▶ 실행결과

```
1
숫자는 1이다.
```

위의 소스를 switch로 변경하면 다음과 같이 간결해진 코드를 만난다.

```c
#include <stdio.h>
main()
{
  int number;
  scanf("%d", &number);
  switch(number) {
    case 1 :
      printf("숫자는 1이다.");
```

```
      case 2 :
        printf("숫자는 2이다.");
      case 3 :
        printf("숫자는 3이다.");
      default :
        printf("잘못된 입력이다.");
    }
}
```
미완성

→ 실행결과

```
1
```
숫자는 1이다.숫자는 2이다.숫자는 3이다.잘못된 입력이다.

그런데 실행 결과는 잘못 나온다. 수행할 문장 뒤에 break를 넣지 않은 것이 원인이다. break가 없으면 블록을 탈출하지 않고 나머지 명령도 모두 수행하므로 주의해야한다. 아래가 최종 소스이고, 순서도를 보면서 의미를 한 번 더 생각해보자.

```
#include <stdio.h>
main()
{
  int number;
  scanf("%d", &number);
  switch(number) {
    case 1 :
      printf("숫자는 1이다. \n");
      break;
    case 2 :
      printf("숫자는 2이다. \n");
      break;
    case 3 :
      printf("숫자는 3이다.");
```

```
        break;
   default :
       printf("잘못된 입력이다. \n");
   }
}
```

➜ **실행결과**

1
숫자는 1이다.

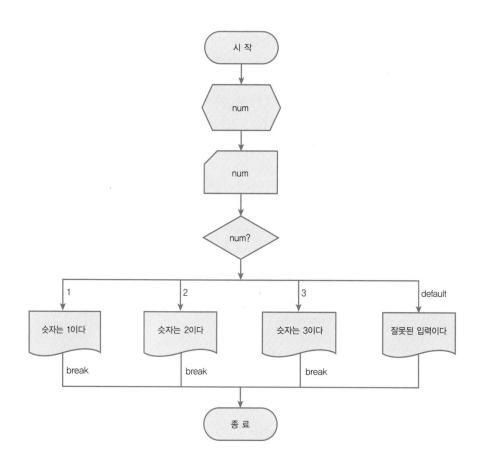

문제

1. 0과 1의 경우가 동일한 실행문을 갖도록 빈칸을 채워라(힌트: break의 속성 이용).

```c
#include <stdio.h>
main()
{
  int number;
  scanf("%d", &number);
  switch(number) {

    case 0 :

    [                                              ]
    case 1 :
      printf("숫자는 0 또는 1이다. \n");
      break;
    case 2 :
      printf("숫자는 2이다. \n");
      break;
    case 3 :
      printf("숫자는 3이다.");
      break;
    default :
      printf("잘못된 입력이다. \n");
  }
}
```

➔ 실행결과

0
숫자는 0 또는 1이다.

1
숫자는 0 또는 1이다.

2. 10단위로 범위를 나누어 처리하도록 빈칸을 채워라.

```c
#include <stdio.h>
main()
{
  int number;
  scanf("%d", &number);
  switch(              ) {
    case 1 :
      printf("숫자는 10-19이다.\n");
      break;
    case 2 :
      printf("숫자는 20-29이다.\n");
      break;
    case 3 :
      printf("숫자는 30-39이다.");
      break;
    default :
      printf("잘못된 입력이다.\n");
  }
}
```

➡ **실행결과**

17
숫자는 10-19이다.

종합문제

1. 두 개의 정수값을 입력받은 후 첫 번째에서 두 번째 수를 나눈 몫을 출력하여라. 단, 두 번째 수가 0이 아닌 경우에만 계산하도록 한다.

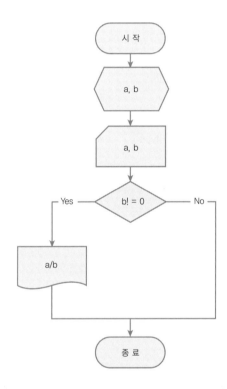

➔ **실행결과**

4 2

2

2. 점수를 입력받은 후 다음 조건을 검사하여 해당하는 등급을 출력하여라. 단, 다음과 같은 순서도로 시작함(90 이상 A, 80 이상 B, 70 이상 C, 60 이상 D, 나머지는 F).

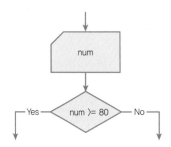

3. 세 가지 종류가 있을 때 이를 선택하도록 입력받은 후 그 종류별 금액을 할당하고 마지막
으로 종류와 금액을 출력하여라. 단, `if`를 사용하는 경우와 `switch`를 사용하는 경우의
두 가지로 코딩한다.

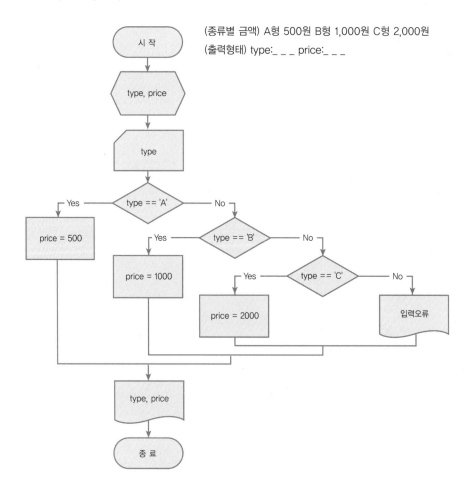

(종류별 금액) A형 500원 B형 1,000원 C형 2,000원
(출력형태) type:_ _ _ price:_ _ _

➡ **실행결과**

B

type:B, price:1000

4. 나의 통장을 개설하였다. 입출금을 반복적으로 입력받으면서 잔액을 계산하여 매번 출력하여라(입금은 양수 입력, 출금은 음수 입력함). 반복 여부는 매번 입력받는다.

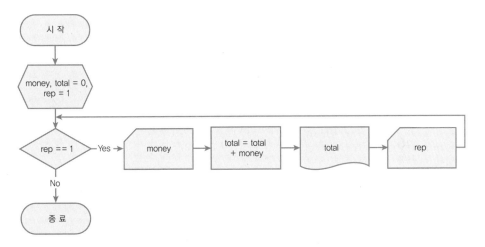

➡ **실행결과**

300

300

1

400

700

1

−500

200

0

5. 통장을 개설하였다. 입출금을 반복적으로 입력받으면서 잔액을 계산하여 매번 출력하여라 (입금은 양수 입력, 출금은 음수 입력함). 잔액이 0원이 되면 반복을 종료한다.

> ➡ **실행결과**

300
300
400
700
−200
500
−500

6. 정수를 다섯 번 입력받으면서 최대, 최소, 평균을 출력하여라.

> ➡ **실행결과**

Enter 5 numbers :
10 20 15 45 5
Max :45, Min :5, Average : 19

1) DFD

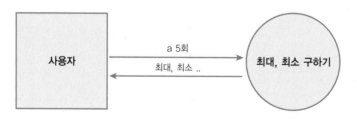

2) 순서도

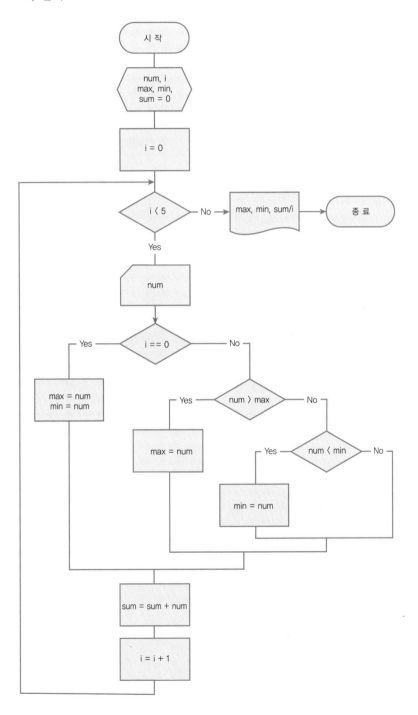

키워드

순서도 연결자 기호

순서도가 한 장에 그려지지 않을 때 다음 페이지로 넘어간다는 표시의 페이지 연결자와 한 페이지 내에서도 선을 연결해서 그리기 복잡할 때 다음의 연결자를 사용한다. 연결자 기호를 사용한 예제가 이어서 나온다.

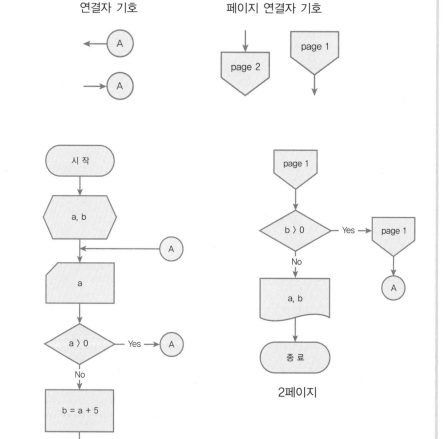

도전문제

다음은 일상에서 쉽게 접하는 일들을 프로그램으로 옮겨 보았다. 다음의 순서도를 코딩으로 옮겨 보아라. 그리고 자신의 스타일에 맞추어 변경하고 실제로 친구들에게 실행 파일을 보내보자.

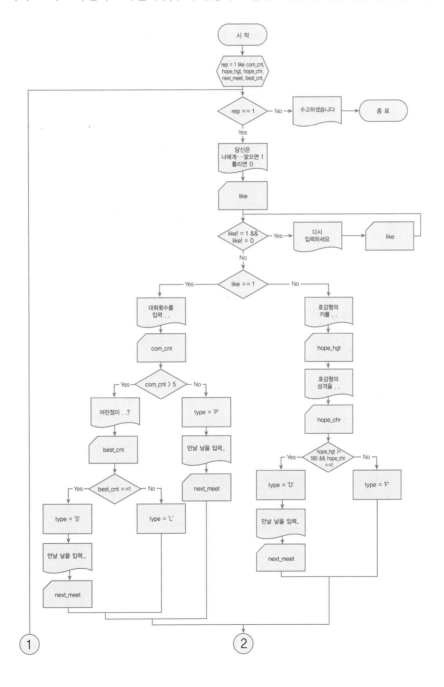

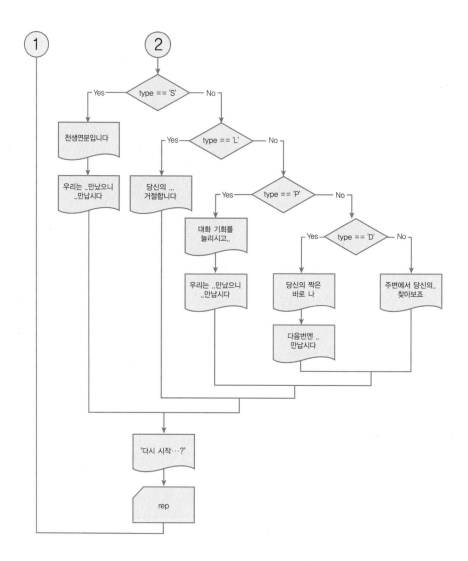

씽킹 다이어리 C프로그래밍으로 가는 여행

Thinking Diary

Let this book change you
and you can change the world!

사람들 앞에서 웃는다는 것은 바보처럼 보이는 위험을 무릅쓰는 것입니다.

다른 사람에게 다가가는 것은 그에게 속을 수 있는 위험을 무릅쓰는 것입니다.

사랑한다는 것은 사랑받지 못할 위험을 무릅쓰는 것입니다.

믿는다는 것은 실망할지도 모를 위험을 무릅쓰는 것입니다.

노력한다는 것은 실패할지도 모를 위험을 무릅쓰는 것입니다.

그러나 모험은 감행되어야 합니다.

모험하지 않는 이들은 그 순간의 고통이나 슬픔을 피할 수 있을지는 모르지만

결코 배울 수 없고, 느낄 수 없으며, 변화할 수 없고, 성장할 수 없으며,

사랑할 수 없고 진정으로 승리할 수 없기 때문입니다.

우리는 다시 **도전**합니다.

모험은 계속되어야 합니다.

_1914년, 3차 남극횡단프로젝트 635일, 어니스트 섀클턴

Part 03

배열

배열 정의

개념

세 과목 점수를 반복하여 모두 입력받고 모두 출력하는 예를 들어보자. 변수 이름을 정할 때는 영문 대소문자, 숫자, 언더바(_)만 사용 가능하며, 첫 글자는 숫자가 아니어야 한다. 규칙에는 맞지만 a1, a2, a3로 선언한다면 코드를 읽는 사람이 변수의 용도를 알기 어렵다. 따라서 의미 있는 단어를 활용하기를 권한다. 단어가 잘 안 떠오르면 한영사전도 도움이 될 것이다.

```
int score1, score2, score3;
```

입력함수는 scanf()이고 출력함수는 printf()였음을 다시 기억하자. 스캔에프는 외부에서 이미지를 얻어오듯이 스캐너를 연상해본다. scanf("%d",&score1); 이 명령을 변수를 바꾸어 가면서 세 번 반복한다.

배열_알기 전

```
#include <stdio.h>
main()
{ int score1, score2, score3; //변수선언
// 입력 부분
  scanf("%d",&score1);
  scanf("%d",&score2);
  scanf("%d",&score3);
// 출력 부분, 여기서는 스캔에프와 달리 &만 빼면 된다.
  printf("%d ",score1);
  printf("%d ",score2);
  printf("%d ",score3);
}
```

> **➜ 실행결과**
>
> *10 20 30*
> 10 20 30

정상적으로 작동은 하지만, 적은 수의 반복이 아니라 100개의 점수를 처리하는 등 그 횟수가 증가하면 코드 수가 너무 많아진다. 입력과 출력을 반복문으로(for 또는 while) 바꾸기도 어렵다. 왜냐하면 100개의 다른 변수명으로 인해 반복할 명령이 모두 다르기 때문이다. 이를 해결하기 위해 배열이 필요하다.

1. 선언

배열은 동일한 자료형의 변수들의 집합이다. 점수 세 개는 다음처럼 배열로 선언한다. 대표 이름을 score로 정하고 이름 뒤에 [ ]를 넣는다. [ ] 안에는 개수를 넣는데, 이를 첨자라고 부른다. 여기서는 점수가 3개이므로 3을 넣는다. 만약 점수 100개의 경우 [100]이면 되므로 앞서 걱정한 코드의 증가는 없다.

```
int score[3];
```

2. 사용

대표 이름만 사용하면 세 개 모두를 의미하므로 한 개씩 가리키는 방법이 필요한데, 이는 첨자를 이용하면 된다. score[0]은 score의 0번째라는 의미다. 일상에서 시작은 1번이지만 프로그램 언어는 0부터 시작함을 잊지 말자. score[3]을 선언했다면 하나씩 가리킬 때 0부터 2까지 유효하다.

```
scanf("%d", &score[0]);
```

3. 반복

다음은 배열을 사용하도록 수정한 것이지만 만약 100개의 점수라면 입력과 출력 부분이 길어지는 문제는 아직 남아있다.

배열_살짝 알고나니

```c
#include <stdio.h>
main()
{ int score[3]; //변수선언
// 입력 부분
  scanf("%d",&score[0]);
  scanf("%d",&score[1]);
  scanf("%d",&score[2]);
// 출력 부분
  printf("%d ",score[0]);
  printf("%d ",score[1]);
  printf("%d ",score[2]);
}
```

scanf()와 printf() 부분을 살펴보자. 반복되는 명령문에서 첨자만 변한다. 첨자를 변수로 바꾼다면 입력과 출력을 반복문으로 바꿀 수 있다. 이는 배열과 반복의 절묘한 조화이다.

배열_완전히 알고나니

```c
#include <stdio.h>
main()
{ int score[3],i;
  for (i=0;i<3;i++)
    scanf("%d",&score[i]);
  for (i=0;i<3;i++)
    printf("%d ",score[i]);
}
```

4. 초기화

변수를 선언할 때 값을 할당하듯이, 배열에서는 여러 개의 값을 한꺼번에 묶어주면 순서 대로 할당된다. 다음은 입력 부분을 없애고 대신 초기화한 값을 출력하도록 한 것이다.

배열_초기화

```c
#include <stdio.h>
main()
{ int score[3]={80,75,98}, i;
  for (i=0;i<3;i++)
    printf("%d ",score[i]);
}
```

Memory 메모리 설명

배열은 메모리를 연속적으로 할당한다. 이 경우는 정수형 세 개이므로 4바이트씩 총 12바이트를 할당한다. 읽기 좋게 배열 이름 score를 하단에 표시하였고 각각은 [ ]를 포함해 상단에 표시하였다.

```c
int score[3]={80,75,98};
```

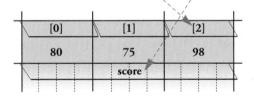

주의사항

C 언어의 컴파일러는 경계값 검사를 하지 않기 때문에 정해진 범위 바깥의 첨자를 사용하여 생기는 문제는 예측할 수 없다. int score[5]; 선언하고 score[5]=10;을 하는 경우, 컴파일 과정에서 오류가 나오지 않는다. 물론 실행하면 비정상적인 결과를 보여준다. 컴파일 과정에서 오류로 알려주지 않기 때문에 프로그래머가 주의해서 코딩해야 한다.

핵 / 심 / 정 / 리 /

```
int score[3],i;
for (i=0;i<3;i++)
    scanf("%d",&score[i]);
for (i=0;i<3;i++)
    printf("%d ",score[i]);
```

➔ **코드설명**

정수 세 개를 배열로 선언하고,
반복적으로 세 개를 입력받아 첨자로 구분된 개별 변수에 넣고,
반복적으로 세 개를 출력함

➡ ## 문제

1. 숫자 한 개를 입력받고 출력하여라.

➔ **실행결과**

13
13

2. 숫자 세 개를 입력받고 두 번째 숫자를 출력하여라.

➔ **실행결과**

10 20 30
20

3. 숫자 세 개를 입력받고 몇 번째를 원하는지 입력받아 해당 숫자를 출력하여라.

> **→ 실행결과**
>
> *10 20 30*
> What number ?
> *3*
> 30

4. 숫자 세 개를 입력받고 모두 출력하여라.

> **→ 실행결과**
>
> *10 20 30*
> 10 20 30

문자열 기본

개념

배열에서 기본 자료형이 문자인 경우를 살펴보자. 선언부에서 int 대신 char이 들어가고, scanf()와 printf()할 때 %d가 아니고 %c가 된다. 이를 제외하면 1장의 숫자배열과 비교할 때 선언과 사용에 있어서 동일하므로 설명 없이 소스가 변화되는 것을 나열한다. 이름을 넣을 변수이므로 배열 크기를 8로 한다(한글 이름이 일반적으로 최대 4글자이고 한글 한 개는 2바이트 필요함).

문자열_알기 전

```c
#include <stdio.h>
main()
{ char ename1, ename2, ename3, ..., ename8; //변수선언
// 입력 부분
  scanf("%c",&ename1);
  scanf("%c",&ename2);
  scanf("%c",&ename3);
  .....
  scanf("%c",&ename8);
// 출력 부분
  printf("%c",ename1);
  printf("%c",ename2);
  printf("%c",ename3);
  ...
  printf("%c",ename8);
}
```

➔ **실행결과**

John

John

한 글자씩 입력하지 말고 모두 입력한 후 엔터를 친다. 8글자를 입력받는 것이니까 여백까지 포함해서 8글자를 채워준다.

문자열_살짝 알고나니

```c
#include <stdio.h>
main()
{ char ename[8];  //변수선언
// 입력 부분
  scanf("%c",&ename[0]);
  scanf("%c",&ename[1]);
  scanf("%c",&ename[2]);
  ...
  scanf("%c",&ename[7]);
// 출력 부분
  printf("%c",ename[0]);
  printf("%c",ename[1]);
  printf("%c",ename[2]);
  ...
  printf("%c",ename[7]);
}
```

문자열_완전히 알고 나니

```c
#include <stdio.h>
main()
{ char ename[8],i;
  for (i=0;i<8;i++)
    scanf("%c",&ename[i]);
  for (i=0;i<8;i++)
    printf("%c",ename[i]);
}
```

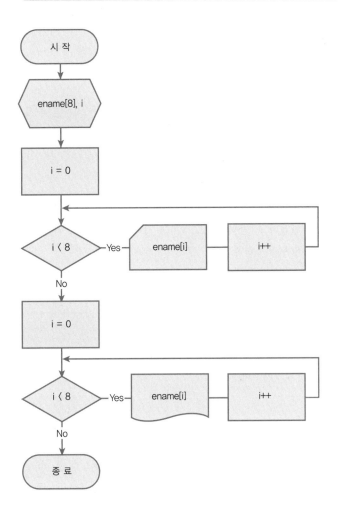

문자열_초기화

```c
#include <stdio.h>
main()
{ char ename[8]={'J','o','h','n',' ',' ',' ',' '},i;
  for (i=0;i<8;i++)
    printf("%c",ename[i]);
}
```

핵 / 심 / 정 / 리 /

```c
char ename[8],i;
for (i=0;i<8;i++)
  scanf("%c",&ename[i]);
for (i=0;i<8;i++)
  printf("%c",ename[i]);
```

◆ 코드설명

문자 8개를 배열로 선언하고, 반복적으로 8개를 입력받아 첨자로 구분된 개별 변수에 넣고 반복적으로 8개를 출력함.

char와 %c만 다르고, 숫자형과 동일함.

문제

1. 문자 한 개를 입력받고 출력하여라.

> ◆ 실행결과

A

A

2. 문자 세 개를 입력받고 두 번째 문자를 출력하여라.

> ◆ 실행결과

ABC

B

3. 문자 세 개를 입력받고 몇 번째를 원하는지 입력받아 해당 문자를 출력하여라.

> ◆ 실행결과

ABC

What number ?

3

C

4. 문자 세 개를 입력받고 모두 출력하여라.

> ◆ 실행결과

ABC

ABC

문자열 추가

개념

배열에 있어서 문자와 숫자는 차이가 있다. 숫자는 낱개로 각각 읽어서 낱개로 처리하지만, 문자는 낱개보다는 한꺼번에 입력받고 역시 한꺼번에 처리하는 것이 일반적이다. 'Y'/'N'과 같이 한 문자로 입력받는 경우, 소문자를 대문자로 변경하는 경우, 특정 문자를 찾는 경우 등은 한 개씩 처리되는 예이다. 그러나 이름, 주소, 전화번호(형태는 숫자지만 계산하지 않기 때문에 문자로 취급하는 것이 효율적인) 등은 한 번에 처리되는 것이 효율적이다. 아래는 문자열의 경우만 갖는 추가기능에 대한 설명이다.

```c
char ename[8],i;
for (i=0;i<8;i++)
    scanf("%c",&ename[i]);
for (i=0;i<8;i++)
    printf("%c",ename[i]);
```

위의 코드에서 입력문은 다음과 같이 변경된다. %c가 %s(string의 약자. string은 문자열)로 변하고, ename의 첨자를 없애면서 for 반복이 함께 없어진다. 출력문도 마찬가지로 변경된다. 같은 입출력 함수인데 형식지정자를 %s로 사용함으로써 문자열을 한번에 입력, 출력하는 것이다. 한꺼번에 처리하니까 첨자도 생략하고 반복문도 없애는 것이다.

```c
char ename[8];
scanf("%s",&ename);  // 그냥 ename으로 해도 되는데, 이유는 나중에 설명한다
printf("%s",ename);
```

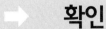 **확인**

숫자열과 문자열의 함수를 비교해본다. getchar(), gets()는 scanf() 외 다른
입력함수인데, getchar()은 문자 한 개를 입력받고, gets()는 문자열을 입력받
는다. putchar(), puts()는 printf() 외 다른 출력함수인데, putchar()은
문자 한 개를 출력하고, puts()는 문자열을 출력한다. 문자열 초기화의 경우에도 큰
따옴표로 묶으면 되니까 매우 간결해진다(한 문자는 작은따옴표를 사용하고 여러 문자는
큰따옴표를 사용함).

	숫자열	문자열 낱개처리	문자열 전체처리
초기화	int score[3]={10,20,30};	char ename[8] ={'J','o','h','n',' ',' ',' ',' '};	char ename[8] ="John";

입력	scanf("%d", &score[i]);	scanf("%c", &ename[i]);
		or
		ename[i]=getchar();
			scanf("%s", ename);
			or
			gets(ename);

출력	printf("%d", score[i]);	printf("%c", ename[i]);
		or
		putchar(ename[i]);
			printf("%s", ename);
			or
			puts(ename);

문자열_변신완료

```
#include <stdio.h>
main()
{ char ename[8];
   scanf("%s",ename);  //또는 gets(ename);
   printf("%s",ename);  //또는 puts(ename);
}
```

문자열인 경우 부가적인 편리한 함수가 있다고 생각하면 된다. 다음은 문자열 낱개 처
리와 문자열 전체처리를 순서도로 비교해 본 것이다.

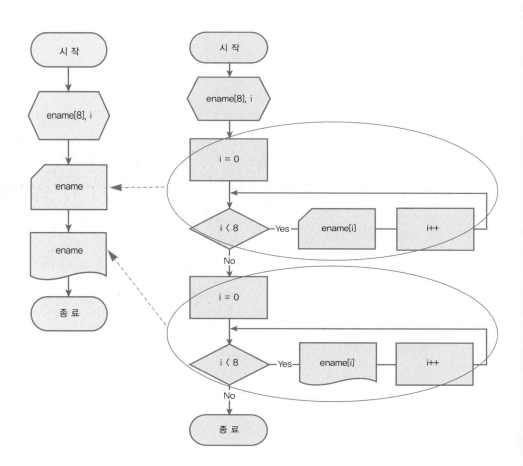

 **주의사항**

1. 문자열 끝문자

문자열을 선언된 크기보다 적게 사용한 경우(이름을 위해 크기가 8이어도 한 글 세 글자인 경우 6까지만 사용), 사용된 문자열의 끝을 알아야 실제 데이터 만 읽을 수 있다. 이를 위해 두 가지가 필요하다. 첫째 문자열 끝 문자를 위해 한 바이트가 더 필요한 것과 둘째 문자열 끝 문자를 넣어주는 일이다. 첫째는 문자열 선언하면서 최대 크기보다 1만큼 크게 정의하면 된다. 둘째는 문자열 단위를 입력받을 때 시스템에서 자동으로 문자열 끝문자 0(0은 아스키 문자표에서 NULL이다)을 넣어주므로 프로그래머가 신경 쓰지 않아도 된다. 결과적으로 문자열의 크기는 1바이트 크게 선언해야 한다는 점을 유의하자. 또한 문자열 끝문자가 자동으로 들어가므로 문자를 낱개 처리할 때도 이를 활용할 수 있는데, 이는 뒤에서 다시 설명한다.

2. scanf()와 gets()의 차이

scanf("%s",)는 스페이스 또는 엔터인 경우 입력을 종료하는 반면, gets()는 엔터인 경우만 입력을 종료한다. 따라서 중간에 스페이스를 포함한 문자열을 입력받고자 하면 반드시 gets()를 사용해야 한다.

3. 숫자와 문자의 혼합 입력

gets()는 scanf("%s",)보다 간결해서 많이 사용한다. 그런데 숫자와 문자를 번갈아 입력받는 경우는 scanf("%s") 한 가지로 통일하는 것이 바람직하다.

Memory 메모리 설명

다음 메모리는 `char ename[8]="John";`과 `char hname[8]="
홍길동";`의 경우이고, 특히 한글은 한 글자가 2바이트에 들어간다. 두 가지
모두 유효값 뒤에 문자열 끝문자인 0이 있음을 알 수 있다. 실제로는 J에 해
당하는 0x4a가, o에 해당하는 0x6f가 들어있다. 이는 ASCII 문자표를 보
고 확인한다(0x4a에서 앞에 0x는 16진수를 의미하는 표기법이다).

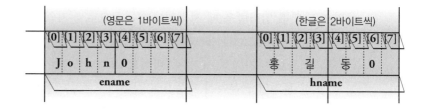

핵 / 심 / 정 / 리 /

```
char ename[8];
scanf("%s",ename);
printf("%s",ename);
```

➡ 코드설명

8칸짜리 문자열을 선언하고, 한꺼번에 문자열을 입력받아서 한꺼번에 출력함.
`%s`가 `string`의 약자로서 문자열을 의미하고 한꺼번에 처리하니까 입출력 모두
첨자가 불필요함.
배열에 입력받을 때는 `&ename`과 `ename`이 모두 가능함.

문제

1. 문자열을 한 줄 입력받고 두 번째 문자를 출력하여라.

> **◈ 실행결과**
>
> *happy*
> a

2. 문자열 "happy"로 초기화한 후 문자열을 출력하여라.

> **◈ 실행결과**
>
> happy

3. 문자열을 한 개 입력받아서 5문자씩 잘라서 한 줄에 출력한다. 해당 번호에 알맞은 소스를 넣어라.

※ 힌트: 다음 결과처럼 스페이스를 포함한 문장을 입력받을 때는 입력함수를 주의 깊게 선택한다. 입력은 문자열로 한번에 받지만 출력은 5문자씩 잘라야 하므로 반복문을 사용하여 문자단위 처리를 해야한다. 이때 문자열 끝 문자를 검사하여 반복이 종료되게 한다. 5문자마다 '₩n'를 출력하도록 하고 조건에서 % (나머지연산자)를 이용한다.

```
#include <stdio.h>
main()
{ char str[81];
  int i;
  printf("문자열을 입력해주세요...₩n");
  ┌─────────────────────────────────────────┐
  │                    ①                     │
  └─────────────────────────────────────────┘
  for (i=0; ┌──  ②  ──┐ ; i++)
    { printf("%c", str[i]);
```

```
                            ③
```

```
    }
}
```

➡ 실행결과

```
문자열을 입력해주세요...
I am learning C. Do you like C ?
I am
learn
ing C
. Do
you l
ike C
?
```

2차원 문자열

개념

다음은 한 사람의 이름을 입력받고 출력하는 코드이다. 한글 4글자를 고려해서 8이면 되는데 문자열 끝을 위해 9로 정한다.

```
char names[9];
scanf("%s",names);
printf("이름은 %s입니다.",names);
```

한 명의 이름이 아니라 두 명의 이름을 입력받아서 출력한다면 우선 다음과 같이 수정해본다.

2차원 문자열_알기 전

```
#include <stdio.h>
main()
{ char names1[9];
  char names2[9];
  scanf("%s",names1);
  scanf("%s",names2);
  printf("이름은 %s입니다.",names1);
  printf("이름은 %s입니다.",names2);
}
```

그런데 두 명이 아니라 100명이라면 배열을 처음 설명할 때와 같은 문제가 발생한다. 배열이 여러 개 있는 경우에도 마찬가지로 배열이 사용된다. 한 사람 이름은 1차원 배열이고, 여러 사람 이름은 2차원 배열이 된다. 에이스 크레커 한 개가 과자 여러 개를 포함한 1차원 배열이라면, 에이스 크래커를 3개씩 묶어놓은 것은 2차원 배열이 된다. 다시 3개 묶음 여러 개를 박스 단위로 담은 것은 3차원 배열이 된다.

1. **선언과 사용**

2차원 배열을 선언하려면 첨자기호를 한 개 추가한다. 앞첨자는 몇 묶음인가를 의미하고, 뒷첨자는 한 묶음 내 낱개가 몇 개인가를 의미한다. 한 문자를 출력하려면 두 개의 첨자가 [i][j]로 모두 표현되어서 i번째 묶음 내 j번째 것을 의미하고, 한 문자열을 출력하려면(즉, 한 사람의 이름) 앞첨자 [i]만 지정하여 i번째 문자열을 의미한다. 한 문자인가 한 문자열인가는 편집기호에서 %c와 %s로 구분한다.

```
char names[2][9];
printf("%c", names[0][2]);
printf("%s", names[0]);
```

2차원 문자열_살짝 알고나니

```
#include <stdio.h>
main()
{ char names[2][9];
  scanf("%s",names[0]);
  scanf("%s",names[1]);
  printf("이름은 %s입니다.",names[0]);
  printf("이름은 %s입니다.",names[1]);
}
```

2. **반복**

입출력 부분의 첨자를 변수로 바꾸면 반복문으로 변경할 수 있다. 1차원 문자열은 %s를 사용하면 반복문 없이 처리되지만, 2차원이 되면 1차원이 다시 여러 개 있으므로 반복문이 필요하다. 1차원과 2차원을 순서도로 비교해본다.

2차원 문자열_완전히 알고나서

```c
#include <stdio.h>
main()
{ char names[2][9];
  int i;
  for (i=0;i<2;i++)
    scanf("%s",names[i]);
  for (i=0;i<2;i++)
    printf("이름은 %s입니다. ₩n",names[i]);
}
```

➔ 실행결과

김삼순
배용준
이름은 김삼순입니다.
이름은 배용준입니다.

2차원 문자열

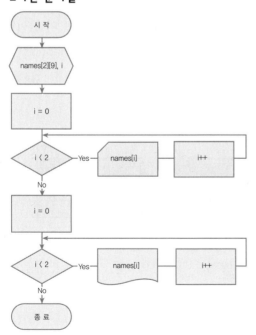

1차원 문자열

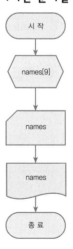

3. 초기화

2차원 문자열을 초기화하려면 1차원에서 사용하는 단위 문자열을 콤마로 구분하여 복수 개를 나열하고, 전체를 블록으로 묶어주면 순서에 맞추어 할당된다.

2차원 문자열_초기화

```c
#include <stdio.h>
main()
{ char names[2][9]={"김삼순","배용준"};
  int i;
  for (i=0;i<2;i++)
    printf("이름은%s입니다.\n",names[i]);
}
```

Memory 메모리 설명

배열 전체 이름이 names이고, 두 개 묶음이 있고, 한 묶음 내 낱개 8개가 있다. names[0]에 "김삼순"이, names[1]에 "배용준"이 들어있다. 배열 이름을 하단에 표시하고 앞첨자를 상단에 표시하고 다시 뒷첨자를 그 아래 표시하였다.

```c
char names[2][8]={"김삼순","배용준"};
```

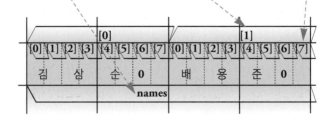

(메모리에 그리기 편한 것 때문에 여기서는 8칸으로 함. 최대 3글자 이름으로 가정)

핵 / 심 / 정 / 리 /

```c
char names[2][9];
int i;
for (i=0;i<2;i++)
   scanf("%s",names[i]);
for (i=0;i<5;i++)
   printf("이름은 %s입니다.\n",names[i]);
```

➜ **코드설명**

두 명의 이름을 입력받아서 출력함.

각각의 이름은 8자까지임.

2차원 배열에서 앞첨자가 묶음 개수이고, 뒷첨자가 각 묶음 내 낱개 개수임.

names[][]이면 한 문자이고, names[]이면 한 문자열임.

➜ # 문제

1. 세 명의 이름을 입력받고 몇 번째 이름을 원하는지 입력받아 해당 이름을 출력하여라.

➜ **실행결과**

홍길동
홍길순
홍길자
What number ?
3
홍길자

2. 영어 단어 세 개를 입력받고 첫 글자가 'h'인 것만 출력하여라.

> ➡ **실행결과**

happy
swim
honey
happy
honey

3. 세 명에 대한 각각의 이름/나이를 입력받은 후 한꺼번에 이름/나이를 번호 붙여 출력하여라. 단, adult 칸에는 나이가 18세보다 크면 'Y' 아니면 'N'을 출력하여라.

> ➡ **실행결과**

이름 : *John*
나이 : 15
이름 : *Smith*
나이 : *40*
이름 : *Sera*
나이 : *55*

번호	name	age	adult
1.	John	15	N
2.	Smith	40	Y
3.	Sera	55	Y

2차원 숫자열

개념

두 과목의 점수를 입력받아서 출력한다고 하자. 점수는 정수로 가정하고 1차원 정수 배열을 이용한다. scores[0]과 scores[1]에 각각의 점수가 들어간다.

```
int i, scores[2]
for (i=0;i<2;i++)
    scanf("%d",&scores[i]);
for (i=0;i<2;i++)
    printf("%d ",scores[i]);
```

이런 두 과목의 점수가 3회 필요하여 다음과 같이 단순하게 확장한다면 횟수가 커질 때 문제가 된다.

2차원 숫자열_알기 전

```
#include <stdio.h>
main()
{ int scores1[2];
  int scores2[2];
  int scores3[2];
  for (i=0;i<2;i++)
    scanf("%d",&scores1[i]);
  for (i=0;i<2;i++)
    scanf("%d",&scores2[i]);
  for (i=0;i<2;i++)
    scanf("%d",&scores3[i]);
```

```
   for (i=0;i<2;i++)
     printf("%d ",scores1[i]);
   for (i=0;i<2;i++)
     printf("%d ",scores2[i]);
   for (i=0;i<2;i++)
     printf("%d ",scores3[i]);
}
```

1. 선언과 사용

1차원을 추가하는데 앞첨자가 3회를 의미하고, 뒷첨자는 횟수별 두 과목을 의미한다.

2차원 숫자열_살짝 알고 나서

```
#include <stdio.h>
main()
{ int scores[3][2];
   for (i=0;i<2;i++)
     scanf("%d",&scores[0][i]);
   for (i=0;i<2;i++)
     scanf("%d",&scores[1][i]);
   for (i=0;i<2;i++)
     scanf("%d",&scores[2][i]);
   for (i=0;i<2;i++)
     printf("%d ",scores[0][i]);
   for (i=0;i<2;i++)
     printf("%d ",scores[1][i]);
   for (i=0;i<2;i++)
     printf("%d ",scores[2][i]);
}
```

2. 반복

입출력 부분에서 앞첨자를 변수로 바꾸고 반복문으로 변경하면 이중반복이 만들어진다. 1차원에서는 두 과목으로서 2회 반복하지만, 2차원에서는 각각의 2회씩이 3회 반복한다. 문자열에서는 1차원이 반복문 없이 입출력 함수(%s 사용)로 대체되어 2차원이어도 반복을 한 번만 하면 되지만, 숫자열에서는 1차원 단위로 반복이 한 개 필요하므로 2차원은 이중반복이 된다.

2차원 문자열_완전히 알고 나서

```c
#include <stdio.h>
main()
{ int scores[3][2];
  int i,j;
  for (j=0;j<3;j++)
    for (i=0;i<2;i++)
      scanf("%d",&scores[j][i]);
  for (j=0;j<3;j++)
    for (i=0;i<2;i++)
      printf("%d ",scores[j][i]);
}
```

➡ 실행결과

75 40
65 95
40 55
75 40 65 95 40 55

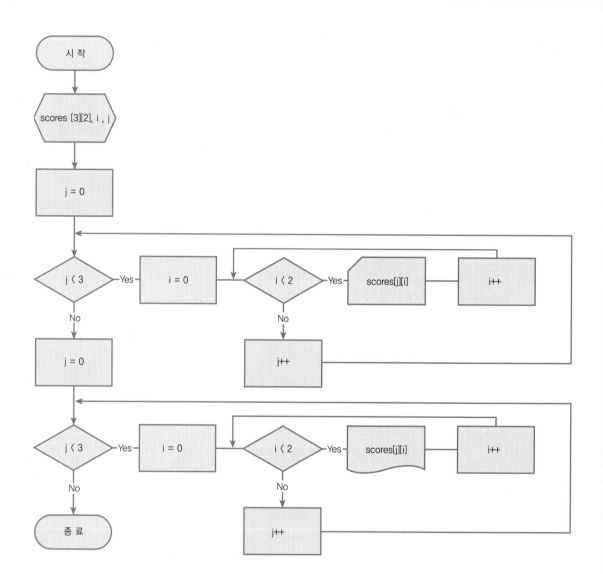

3. 초기화

2차원 숫자열 초기화는 1차원 단위의 숫자 묶음을 콤마로 구분하여 나열하면서 전체를 블록으로 묶어주면 순서대로 들어간다.

2차원 숫자열_초기화

```c
#include <stdio.h>
main()
{ int scores[3][2]={{75,40},{65,95},{40,55}};
  int i,j;
  for (j=0;j<3;j++)
    for (i=0;i<2;i++)
      scanf("%d",&scores[j][i]);
  for (j=0;j<3;j++)
    for (i=0;i<2;i++)
      printf("%d ",scores[j][i]);
}
```

Memory 메모리 설명

배열 이름 scores를 아래에 표기하고, 앞첨자인 묶음번호 세 개를 상단에 표기하고, 그 아래 해당 묶음 내 낱개번호를 표기하였다. scores[0][1]은 40이고, scores[2][0]도 40이다. 숫자열은 항상 앞첨자와 뒷첨자를 모두 표시하여 낱개로 처리해야 한다.

```c
int scores[3][2]={{75,40},{65,95},{40,55}};
```

[0]		[1]		[2]	
[0]	[1]	[0]	[1]	[0]	[1]
75	40	65	95	40	55

scores

확인

다음은 숫자열과 문자열의 공통부분이다. 초기화에서 배열크기가 한 개 큰 것 외에는 사용법이 동일하다.

⠿ 초기화

```
int num[3]={10,20,30};
char str[6]={'H','A','P','P','Y'};
```

⠿ 입력

```
scanf("%d", &num[i]);
scanf("%c", &str[i]);
```

⠿ 출력

```
printf("%d", num[i]);
printf("%c", str[i]);
```

다음은 문자열의 추가부분이다. 초기화의 경우 낱개로 표시하지 않고 큰따옴표로 묶고, 입출력의 경우 반복문 없이 한번에 처리하도록 "%s" 지정자가 추가된다. 마찬가지 기능을 하는 gets(), puts()도 있다.

⠿ 초기화

```
char str[6]="HAPPY";
```

⠿ 입력

```
scanf("%s", str); // gets(str); 동일
```

⠿ 출력

```
printf("%s", str); // puts(str); 동일
```

핵 / 심 / 정 / 리 /

```
int scores[3][2]
int i,j;
for (j=0;j<3;j++)
  for (i=0;i<2;i++)
    scanf("%d",&scores[j][i]);
for (j=0;j<3;j++)
  for (i=0;i<2;i++)
    printf("%d",scores[j][i]);
```

➜ **코드설명**

두 과목 점수를 3회 받은 경우인데, 이중반복문이 필요함.

바깥 반복은 3회로서 횟수를 의미하고, 안쪽 반복은 2회로서 과목 수를 의미함.

➜ **문제**

1. 한 반에 5명씩 세 반이 있는데, 학생들의 몸무게를 입력받고 출력하여라. 단, 반별로 한 줄씩 출력하기 위해 올바른 위치에 '\n'(개행문자) 출력문을 넣는다.

➜ **실행결과**

45 47 55 67 48
67 55 48 56 55
45 48 55 59 67   (각 줄별로 한 반씩 입력하였음)
45 47 55 67 48
67 55 48 56 55
45 48 55 59 67

종합문제

CHAPTER

1. 5개의 초기화한 값 중에 20보다 큰 수가 몇 개인지 출력하는 프로그램이다. 다음의 표에서 줄번호에 맞도록 음영으로 된 곳에 답을 넣어 디버깅표를 완성하여라. 디버깅표에서 step 은 줄번호를 의미하고 해당 줄을 수행하고 난 이후 변수의 값을 해당 칸에 채우면 된다. step이 3-0이란 3번 줄의 0번째 수행을 의미한다. 즉, 반복적으로 수행되는 줄은 - 뒤에 몇 번째인지를 표시한 것이다(소스에 있는 줄번호는 편의상 넣은 것이니 제외하고 코딩할 것).

```c
#include <stdio.h>
main()
{ int num[5]={35,26,3,24,13};
  int i,over20=0;
1 for (i=0;i<5;i++) printf("%d ",num[i]);
2 for (i=0;i<5;i++)
3   if (num[i] > 20) over20++;
4 printf("20보다 큰 수는 %d개입니다.₩n",over20);
5 }
```

step	num					i	over20	출력
	0	1	2	3	4			
1	35	26	3	24	13	5	0	35 26 3 24 13
3-0								
3-1								
3-2								
3-3								
3-4								
4								

2. 초기화한 문자열 중에 e가 몇 개인지 출력하는 프로그램이다. 줄번호에 맞도록 음영으로 된 곳에 답을 넣어 디버깅표를 완성하여라(소스에 있는 줄번호는 편의상 넣은 것이니 제외하고 코딩할 것).

```c
#include <stdio.h>
main()
{ char str[12]="Everyone !";
  int i,cnt_e=0;
1    printf("%s ",str);
2    for (i=0; str[i]; i++)
3      if (str[i] == 'e') cnt_e++;
4    printf("e는 %d회 나옵니다.\n",cnt_e);
5 }
```

step	str												i	cnt_e	출력
	0	1	2	3	4	5	6	7	8	9	10	11			
1															
3-0															
3-1															
3-2															
3-3															
3-4															
3-5															
3-6															
3-7															
3-8															
3-9															
4															

3. 다음은 세 명의 이름과 나이를 반복적으로 모두 입력받은 후 한꺼번에 출력하는 프로그램이다. 빈칸을 채워서 완성하여라(소스에 있는 줄번호는 편의상 넣은 것이니 제외하고 코딩할 것).

```c
#include<stdio.h>
main()
{ char name__①__;
  int i, age__②__;
1 for (i=0;i<_③_;i++)
2 { printf("이름을 입력하세요. \n");
3     scanf("%s",_____④_____);
4     printf("나이를 입력하세요. \n");
5     scanf("%d",___⑤___);
6 }
7 for (i=0;i<_⑥_;i++)
8     printf("이름은 %s이고 나이는 %d입니다. \n",___⑦___,___⑧___);
}
```

◆ 실행결과

이름을 입력하세요.
홍길동
나이를 입력하세요.
23
이름을 입력하세요.
홍길자
나이를 입력하세요.
45
이름을 입력하세요.
홍길순
나이를 입력하세요.
48
이름은 홍길동이고 나이는 23입니다.
이름은 홍길자이고 나이는 45입니다.
이름은 홍길순이고 나이는 48입니다.

4. 다음은 2회분 3과목의 점수를 입력받아서 매회 평균과 과목별 평균을 출력하는 프로그램
이다. 빈칸을 채워서 완성하여라(소스에 있는 줄번호는 편의상 넣은 것이니 제외하고 코딩
할 것).

```
#include <stdio.h>
main()
{ int scores[2][3] = {{0,0,0},{0,0,0}};
  int i,j;
  int tot[2] = {0,0};
  int sub[3] = {0,0,0};
  char name___①___={"수학","과학","영어"}; // 과목명
1 for (j=0;j<2;j++)
2 { for (i=0;i<3;i++)
3   { scanf("%d",&scores[j][i]);
4     tot[j] = tot[j]+scores[j][i];
5     sub[i] = sub[i]+scores[j][i];
6     if (j==__②__) printf ("__③__평균은 %d ₩n",__④__, sub[i]/2);
7   }
8   printf("%d 회 평균 %d ₩n",j+1,tot[j]/3);
  }
}
```

➡ **실행결과**

55 67 89
1회 평균 70
78 89 95
수학평균은 33
과학평균은 39
영어평균은 46
2회 평균 87

도전문제

다음은 다섯 개 숫자를 정렬하여 출력하는 두 개의 프로그램이다. 정렬 방법에 따라 다르게 작성할 수 있음을 보여준다. 정렬 과정을 분석하기 위해 디버깅 표를 완성하여라. 이제부터는 다양한 알고리즘(문제의 논리적인 해결과정)을 프로그램으로 표현할 수 있는 정도의 문법 학습이 완료되었다. 그런 측면에서 복잡해 보이지만 한번 도전해보기를 바란다.

1. 방법 1

```
main( )
  { int num[5]={35,26,3,24,13}, i,j,min,temp;
1   printf("Before sorting : ");
2   for (i=0;i<5;i++) printf("%d ",num[i]);
3   for (i=0;i<4;i++)
4   {
5     min = i;
6     for (j=i+1;j<5;j++)
7        if (num[j] < num[min]) min = j;
8     temp = num[min];
9     num[min] = num[i];
10    num[i] = temp;
11  }
12  printf(" \nAfter sorting : ");
13  for (i=0;i<5;i++) printf("%d ",num[i]);
  }
```

step	num					i	j	min	temp	출력
	0	1	2	3	4					
2	35	26	3	24	13					35 26 3 24 13
5						0				
7-0						0	1			
7-1						0	2			
7-2						0	3			
7-3						0	4			
8						0	5			
9						0	5			
10						0	5			
5						1	5			
7-0						1	2			
7-1						1	3			
7-2						1	4			
8						1	5			
9						1	5			
10						1	5			
5						2	5			
7-0						2	3			
7-1						2	4			
8						2	5			
9						2	5			
10						2	5			
5						3	5			
7-0						3	4			
8						3	5			
9						3	5			
10						3	5			
12						4	5			3 13 24 26 35

2. 방법 2

```
#include <stdio.h>
main( )
  { int num[5]={35,26,3,24,13}, i,j,temp;
1    printf("Before sorting : ");
2    for (i=0;i<5;i++) printf("%d ",num[i]);
3    for (i=1;i<5;i++)
4      for (j=i;j>0 && num[j-1]>num[j];j--)
5      { temp=num[j-1];
6        num[j-1]=num[j];
7        num[j]=temp;
8      }
9    printf("\nAfter sorting : ");
10   for (i=0;i<5;i++) printf("%d ",num[i]);
  }
```

step	num					i	j	temp	출력
	0	1	2	3	4				
2									
8-0									
8-1									
8-0									
8-1									
8-2									
8-0									
8-1									
8-2									
8-0									
8-1									
8-2									
8-3									
10									

씽킹 다이어리

Thinking Diary

Let this book change you
and you can change the world!

세기의 우상 '체 게바라' 의 위대한 **여정**!

세상을 바꾼 한 남자의 아주 특별한 **여행**!

세상이 그를 부르기 전,

세상이 그를 알아주기 전,

그의 삶을 바꾼 **여행**!

"길 위에서 지낸 시간이 나의 인생을 송두리째 변화시켰다!

Let the world change you and you can change the world!

_영화 〈모터사이클 다이어리〉 중에서

함수

함수 정의

 키워드

함수

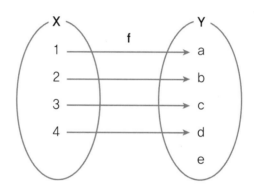

두 집합 X, Y에서 집합 X의 각 원소가 집합 Y의 원소에 반드시 하나씩 대응
할 때, 이 대응을 집합 X에서 집합 Y로의 함수라 한다. 이 함수를 f라고 하
면 기호로 f : X → Y와 같이 나타낸다.

개념

프로그램에서 **함수**의 정의는 다음과 같다.

+ 어떤 일을 수행하는 기본 단위

+ 프로그램 작성 시 반복되는 명령의 그룹을 선언해 놓은 후 필요할 때 호출하여
  사용

위의 그림을 함수관계식으로 표현한다면 f : 정수 → 정수, y = x + 2가 된다. 프로그램 함수를 하나 예로 들어보자. printf()라는 함수는 다음 그림과 같이 input으로 들어온 문자열을 화면에 출력하고, 출력한 문자의 길이를 output으로 반환한다.

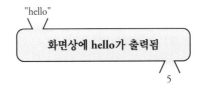

프로그램을 크게 나누면 **변수**, **명령문**, **함수**로 볼 수 있다. 함수의 형태 특성은 함수명 뒤에 괄호가 있다. main()도 형태적으로 괄호가 있고 특별한 함수이다.

핵 / 심 / 정 / 리 /

함수는 반복되는 명령의 그룹을 선언해 놓은 후 필요할 때 호출하는 효율적 인 프로그램의 형태

문제

1. 다음 소스에서 함수는 모두 몇 개인가?

```c
#include <stdio.h>
main()
{
  int nums[3] = {1, 2, 3};
  int i;
  for(i = 0; i <3; i++)
    printf("%5d", nums[i]);
  putchar('₩n');
}
```

→ 실행결과

```
  1   2   3
```

→ 코드설명

%5d는 5칸에 우측정렬로 출력하라는 의미. 그래서 앞에 4칸을 띄는 효과가 있음.

표준 함수

개념

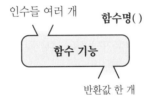

함수는 인수를 받아서 특정한 기능을 수행한 후 반환값을 갖는다. 변수를 선언하고 사용하듯이 함수도 선언하고 사용한다. 그러나 함수의 경우는 사용보다는 호출이라는 용어가 더 적절하다.

표준함수란 일반적으로 많이 사용하게 될 함수를 미리 만들어서 프로그래머들이 편리하게 호출하도록 한 것이다. 다른 말로 **표준 라이브러리 함수**라고도 한다.

표준함수 선언은 다음에 나오는 소스에서 선언(①)이라고 표시한 첫 줄로 충분하다. stdio.h 안에 표준 입출력에 관한 선언이 모두 포함되어 있기 때문이다.

함수를 호출할 때는 인수와 반환을 고려한다. 인수는 함수가 특정 기능을 수행할 때 사용하도록 넘겨주는 것이다. 함수 호출 시 이름 뒤 괄호 안에 인수를 나열한다. 인수가 없으면 괄호를 비워둔다. 함수가 수행을 마치고 반환되면서 갖는 한 개의 값이 반환값이다. 여러 개의 인수 사용이 가능하지만 반환값은 한 개이다. 변수가 한 개의 값을 갖는 것과 같은 원리로 함수도 기능을 수행한 후 한 개 값을 갖는다고 생각하면 일관성이 있다.

반환 호출의 경우는 함수만 독립적으로 호출하는 것이 아니라 다른 명령문들과 합성이 된다. 아래에서 getchar()의 반환값이 ch에 할당되지만(②) printf()는 독립적으로 호출된다(③). getchar()은 인수가 없고 printf()는 인수가 두 개인 경우이다(대부분 표준함수들은 반환값이 있지만 필요하지 않아서 독립 호출하는 경우도 많다).

```
#include <stdio.h>        ---> 선언(①)
main()
{ char ch;
      반환        인수들

  ch=getchar( );          ---> 반환 호출 (②)
  printf("%c",ch);        ---> 독립 호출 (③)
}
```

→ 코드설명

getchar()은 한 문자 입력함수이므로 사용자로부터 입력받은 문자를 출력함

위의 소스에서 두 개 명령문을 printf("%c",getchar());로 줄여도 된다. 이 경우에도 getchar() 함수가 입력받은 반환값을 바로 출력하므로 반환 호출에 해당한다. 독립 호출의 경우는 scanf(); 또는 gets(); 등이 있다.

표준함수의 종류는 다음과 같고 각 표준함수의 기능과 호출 방법을 익히면 다양한 프로그램을 작성할 수 있다.

① **입출력** – 예: 입력 scanf(), 출력 printf()
② **데이터 변환** – 예: 정수화 atoi(), 문자화 itoa()
③ **수학함수** – 예: 절대값 abs(), 지수승 pow()
④ **문자열조작** – 예: 문자열길이 strlen(), 문자열비교 strcmp()
⑤ **시간** – 예: 시각 time()
⑥ **문자분류** – 예: 문자검사 isalpha()

 활용

다음은 일반적인 표준함수의 사용 예를 살펴본다. 각 함수별로 어떤 인클루드 파일을 사용하는지, 인수가 어떤 것인지, 어떻게 호출하는지를 설명한다. 문자열 표준함수의

이름은 모두 string의 일부인 str로 시작하듯이, 대부분의 함수이름은 의미있는 단어를 이용하여 구성되므로 그 기능을 예측할 수 있다.

1. strlen( )

문자열 함수는 모두 <string.h>를 인클루드한다.

```
#include <string.h>
char str[];
int len;
len=strlen(str);
```

→ **코드설명**

string length의 합성
한 개의 문자열을 인수로 받는다.
문자열의 길이를 계산하여 반환한다.

```
#include <string.h> // 선언
#include <stdio.h>
main()
{ char str[10]="happy";
   printf("%s...%d",str,strlen(str)); // 호출
}
```

→ **실행결과**

happy...5

→ **매모리설명**

(happy니까 길이가 5임)

2. strcpy( )

```
#include <string.h>
char str1[], str2[];
strcpy(str1,str2); // str2가 str1에 복사
```

➡ **코드설명**

string copy 의 약자
두 개의 문자열을 인수받는다.
두 번째 문자열을 첫 번째 문자열에 복사시킨다.

> **주의사항**
>
> 직관적으로 str="hope"로 쓰기 쉬운데 이는 잘못된 것이다. str은 배열이기 때문에 아래 코드처럼 한 개씩 넣어주어야 한다. 그래서 이러한 불편사항을 해결해 주기 위해 표준함수 strcpy()가 등장한 것이다.
>
> ```
> str[0]='h';
> str[1]='o';
> str[2]='p';
> str[3]='e';
> ```

```
#include <string.h> // 선언
#include <stdio.h>
main()
{ char str[10]="happy";
  strcpy(str,"hope"); // 호출
  printf("%s",str);
}
```

➔ **실행결과**

hope

➔ **메모리설명**

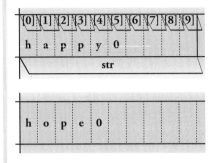

==>

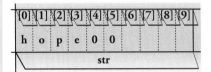

(기존 데이터 뒷부분은 그대로 남음. 그러나 hope 뒤의 0에 의해 그 이후는 출력되지 않음)

---

3. **strcat( )**

```
#include <string.h>
char str1[], str2[];
strcat(str1,str2); // str2가 str1 뒤에 이어서 복사됨
```

➔ **코드설명**

string concatenation의 약자
두 개의 문자열을 인수로 받는다.
두 번째 문자열을 첫 번째 문자열의 끝에 합성시킨다.

```
#include <string.h> // 선언
#include <stdio.h>
main()
{ char str[10]="happy";
  strcat(str,"hope"); // 호출
  printf("%s",str);
}
```

➡ **실행결과**

happyhope

➡ **메모리설명**

[0]	[1]	[2]	[3]	[4]	[5]	[6]	[7]	[8]	[9]
h	a	p	p	y	0				

str

h	o	p	e	0					

==>

[0]	[1]	[2]	[3]	[4]	[5]	[6]	[7]	[8]	[9]
h	a	p	p	y	h	o	p	e	0

str

(happy 뒤에 이어서 hope가 복사됨)

4. **strcmp( )**

```
#include <string.h>
char str1[], str2[];
int cmp;
cmp=strcmp(str1,str2);
```

➡ **코드설명**

string compare의 약자
두 개의 문자열을 인수로 받는다.
두 개의 문자열을 비교해서 같으면 0을 반환하고, 다른 경우 앞의 것이 작으면 음수를, 크면 양수를 반환한다.
(문자의 비교란 ASCII 코드표의 순서)

 주의사항

직관적으로 if (str=="hope")로 쓰기 쉬운데 이는 잘못된 것이다. str은 배열이기 때문에 아래의 소스처럼 한 개씩 비교해야 한다. 그러나 이러한 불편사항을 해결해 주기 위해 표준함수 strcmp()가 등장한 것이다. 순서도 검사하므로 실제 strcmp()의 내부는 더 복잡하다.

```
if ( (str[0]=='h') &&
(str[1]=='o') &&
(str[2]=='p') &&
(str[3]=='e'))
```

```
#include <string.h> // 선언
#include <stdio.h>
main()
{ char str[10]="happy";
  if (strcmp(str,"hope")==0)//호출
    printf("%s",str);
  else printf("다름");
}
```

➡ **실행결과**

다름

➡ **메모리설명**

(여기서 달라짐)

(happy에서 a가 hope에서 o보다 작으므로 음수 반환함)

5. atoi()

atoi()는 데이터변환 함수 중 하나로서, stdlib.h를 인클루드한다(stdlib은 standard library의 합성임).

```
#include <stdlib.h>
char str[];
int num;
num=atoi(str);
```

➜ 코드설명

ascii to integer의 약자

한 개의 문자열을 인수로 받는다.

문자열을 정수로 변환하여 반환한다.

atoi() 함수로 정수변환을 했기 때문에 계산이 가능해진다.

```c
#include <stdlib.h> // 선언
#include <stdio.h>
main()
{ int num;
  char str[10];
  gets(str);
  num=atoi(str);// 호출
  printf("%d",num*10);
}
```

➜ 실행결과

20

200

➜ 메모리설명

==>

(문자로 "20"이 있을 때는 2바이트지만 정수로 바뀌면 4바이트가 됨)

atoi()는 문자열을 정수로 변환하고, atof()는 문자열을 실수로 변환한다. 거꾸로 itoa()는 정수를 문자열로 변환한다. 문자열을 숫자로 변환하는 이유는 계산을 하기 위해서이고, 숫자를 문자열로 변환하는 이유는 한 자리씩 잘라서 문자처럼 처리하기 위함이다.

핵 / 심 / 정 / 리 /

인수들 여러 개

함수명( )

함수 기능

반환값 한 개

```
#include <stdio.h>        ---> 선언
main()
{ char ch;
      반환          인수들

  ch=getchar( );          ---> 반환 호출
  printf("%c",ch);        ---> 독립 호출
}
```

➡ **코드설명**

다음은 표준함수 독립 호출의 예이다.

```
scanf("%c",&ch);
printf("hello");
strcat(str,"hope");
strcpy(str,"hope");
```

다음은 표준함수 반환 호출의 예이다.

```
ch=getchar();
len=strlen(str);
if (strcmp(str,"hope")==0) ..........;
num=atoi(str);
```

문제

1. 두 개의 문자열을 입력받아서

(1) 문자열 길이를 출력하고

(2) 두 문자열을 비교하여 같은지 또는 다른지 출력하고

(3) 첫 문자열 끝에 두 번째 문자열을 붙여서 출력하고(첫 문자열 크기 확인 필요)

(4) 두 번째 문자열을 첫 번째 문자열에 복사시킨 후 첫 문자열을 출력하는

다음 소스의 빈칸을 채워라.

```
#include <string.h>
#include <stdio.h>

main()
{ int cmp;
  char str1[81], str2[81];
  printf("Enter the first string: ");
  gets(str1);
  printf("Enter the second string: ");
  gets(str2);

  /* 문자열의 길이를 출력한다. */
  printf("%s is %d chars long\n", str1,      ①      );

  printf("%s is %d chars long\n", str2,      ②      );
  /* 문자열을 비교한다. **/
  cmp=strcmp(str1, str2);

                          ③

/*충분한 기억 공간이 있을 때 str1의 끝에 str2를 연결한다. */
  if(                ④                )
  { strcat(str1, str2);
```

```
        printf("%s\n", str1);
    }

    /* str2를 str1에 복사한다. */
    ┌─────────────────────────────────────────┐
    │                    ⑤                     │
    └─────────────────────────────────────────┘
    printf("%s\n", str1);

}
```

◆ 실행결과

```
Enter the first string: happy
Enter the second string: hope
happy is 5 chars long          ← (1)
hope is 4 chars long
happy is less than hope        ← (2)
happyhope                      ← (3)
hope                           ← (4)
```

사용자 정의 함수

개념

사용자 정의 함수란 표준함수와 달리 프로그래머가 직접 정의하고 호출하는 함수이다.
표준함수는 호출 중심으로 살펴보았는데, 여기서는 선언하는 단계부터 시작해야 한다.
우선 사용자 정의 함수가 만들어지는 예를 살펴본다.

```c
#include<stdio.h>
main()
{
  printf("********************");  //*
  printf(" title name num");       //*
  printf("********************");  //*
  중간코드 줄줄줄...
  printf("********************");  //*
  printf(" title name num");       //*
  printf("********************");  //*
  중간코드 마구마구...
  printf("********************");  //*
  printf(" title name num");       //*
  printf("********************");  //*
  중간코드 어쩌구저쩌구 ...
}
```

위의 소스에서 * 표시 3줄은 3회가 동일하게 반복되므로 이 부분을 head()라는 함
수로 이동시켜서 1회의 코딩으로 줄이고, 메인에서 호출만 3회하도록 수정한다. 여기

서 head()가 사용자 정의 함수이다.

```c
#include<stdio.h>
main()
{
  head();
  중간코드 줄줄줄...
  head();
  중간코드 마구마구...
  head();
  중간코드 어쩌구저쩌구 ...
}
head()
{
  printf("*********************"); //*
  printf(" title name num");      //*
  printf("*********************"); //*
}
```

 키워드

순서도 함수 기호

함수 중에 특별한 함수인 **입력함수**와 **출력함수**는 별도의 기호가 있다. 그 외의 함수들은 개별적인 기호가 있지 않고 처리기호와 비슷하지만 위에 줄 하나가 추가된 기호를 사용한다.

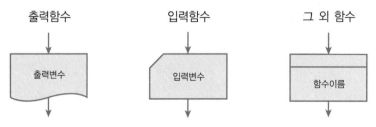

표준함수인 경우는 호출 기호만 사용하면 되지만, 사용자 정의 함수는 함수 몸체가 추가된다. 메인함수가 동그라미 기호의 '시작'과 '종료'로 끝나듯이, 사용자 정의 함수도 동그라미 기호로 시작하고 동그라미 기호로 종료한다. 단, 메인과의 차이는 시작 동그라미 안에 '함수이름'을 넣어주고 종료 동그라미 안에 'return'이라고 적는 것이다. 다음 순서도를 보면 메인 안에 세 개의 사용자 정의 함수가 있고, 각각의 함수를 위한 독립적인 순서도가 이어진다.

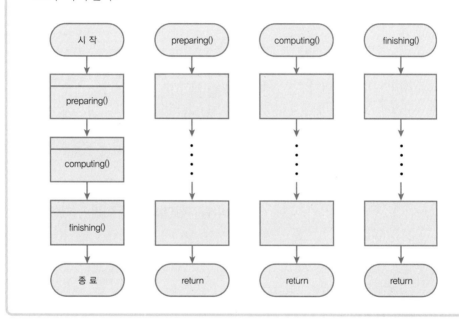

1. 선언

사용자 정의 함수는 선언부가 **이름선언**과 **몸체선언**으로 나뉜다. 표준함수에서는 인클루드에 의해 이름선언만 하였지만, 사용자가 정의하는 함수는 다음과 같이 기능을 표현하는 몸체선언이 필요하다.

```
반환형 함수이름( 인수형 인수이름, ....)
{ 명령문들

  return(반환값)
}
```

```
int add(int a, int b)
{ int s;
  s=a+b;
  return (s);
}
```

> **→ 코드설명**
>
> 반환형: 반환값의 자료형, 반환하지 않으면 void 또는 여백, return()에서 반환형의 반
>   환값을 () 안에 넣음, return() 뒤 명령문은 수행 안 함
> 함수이름: 변수이름과 같은 규칙
> 인수형과 인수이름: 복수 개 가능, 인수형과 인수이름 사이는 공백, 다른 인수 사이는 콤마,
>   인수 없으면 void 또는 여백
> 명령문들: 함수가 처리할 기능을 나타내는 명령문을 나열함

몸체선언의 첫 줄인 int add(int a, int b)를 프로그램 선언부에 따로 넣는 것이 이름선
언이다. 이름선언이 항상 필요한 것은 아니다. 사용자 정의 함수 몸체선언이 메인함수
이전에 있으면 별도의 이름선언이 필요 없고, 메인함수 이후에 나온다면 이름선언이
필요하다. 대부분 메인이 먼저 나오기 때문에 이름선언이 있는 경우가 일반적이다. 함
수이름과 변수이름을 정하는 규칙이 같지만 함수는 항상 ()를 사용하기 때문에 혼돈
이 없다.

다음은 사용자 정의 함수 add()의 몸체선언이 메인 이전에 있어서 이름선언이 없는
경우이다.

```
int add(int a, int b)
{ int s;
  s=a+b;
  return (s);
}
void main(void)
{ printf("%d+%d=%d",1,2,add(1,2));
}
```

다음은 메인 이후에 사용자 정의 함수 add()의 몸체선언이 있어서 앞부분에 이름선
언이 있는 경우이다.

```
void main(void)
{ int add(int a, int b); //* 별도의 이름선언

  printf("%d+%d=%d",1,2,add(1,2));
}
int add(int a, int b)
{ int s;
  s=a+b;
  return (s);
}
```

함수의 몸체선언 규칙은 메인함수에도 적용된다. 따라서 메인의 반환값과 인수가 없을 때 명확하게 void라고 적어서 void main(void)로 하는 것이 좋다. 이제부터는 void를 넣는 것으로 하자.

2. **호출**

출력문을 포함하는 사용자 정의 함수 func()은 반환도 없고 인수도 없는 간단한 예이다. 다음 소스를 실행하면 아무 결과도 나오지 않는다. 왜냐하면 메인에서 func()을 호출하지 않았기 때문이다. 메인 이후에 다른 함수의 몸체가 선언되어도 메인에서 호출하지 않으면 제어가 해당 함수로 넘어가지 않음을 주의한다. 메인의 블록이 닫히는 시점에 전체 프로그램은 종료한다.

```
#include <stdio.h>
void main(void)
{ void func(void);

}
void func(void)
{ printf("func...₩n");
}
```

메인에서 함수를 호출하고 그 앞뒤에 간단한 출력문을 넣어서 함수 호출의 흐름을 살펴본다. 출력문을(1) 수행하고 함수 호출 시(2) 해당 함수로 제어가 넘어가서 'func'을 출력한 후(3) 다시 메인의 같은 위치로 돌아와서 다음 줄을 수행한다(4).

```c
#include <stdio.h>
void main(void)
{ void func(void);

  printf("before ...\n");      ← (1)
  func();                      ← (2)
  printf("after ...\n");       ← (4)
}
void func(void)
{ printf("func...\n");         ← (3)
}
```

➡ 실행결과

```
before ...
func...
after ...
```

➡ 활용

1. 단순한 func( ) 함수

```c
#include <stdio.h>
void main(void)
{ void func(void);

  func();
}
```

```
void func(void)
{
}
```

2. func( )이 반환값을 갖도록

함수의 반환형이 void에서 int로 변경되고(1)(2), 함수 내 return( ) 명령이 추가되며(3)(반환값 30은 반환형 int를 만족한다), 메인에서 호출 시 반환값을 이용하도록 다른 명령과 합성된다(4). 여기서는 반환값을 sum에 넣는다(이탤릭체가 변경된 부분임).

```
#include <stdio.h>
void main(void)
{ int func(void);              ← (1)
  int sum;
  sum=func();                  ← (4)
  printf("%d \n",sum);
}
int func(void)                 ← (2)
{
  return(30);                  ← (3)
}
```

➡ **실행결과**

30

3. func( )이 인수를 갖도록

함수이름 뒤 괄호 안에 두 개의 정수형 a, b가 추가되고(1)(2), 함수 내 인수 a, b를 활용하며(3)(return 명령에서 사용), 호출 시 두 개의 정수를 인수로 넘긴다(4)(10, 20은 인수의 자료형을 만족한다). 호출의 10, 20이 실인수이고, 선언의 a, b를 형식인수라 부른다. 호출하는 순간 실인수 값을 형식인수로 복사한다. 형식인수는 함수 내에서만 사용된다(이를 지역변수라 부른다. 다음 장에서 지역변수를 설명한다).

```
#include <stdio.h>
void main(void)
{ int func(int a, int b);        (1)
  int sum;
  sum=func(10,20);               (4)
  printf("%d ₩n",sum);
}
int func(int a, int b)           (2)
{
  return(a+b);                   (3)
}
```

4. 문자열 인수

다음 소스는 문자열을 인수로 넘겨서 func()에서 인수로 받은 문자열을 출력한다.
함수의 인수가 배열인 경우 몸체선언의 형식인수 str[]의 배열 크기를 명시하지 않
아도 된다. 왜냐하면 실인수 greet[20]의 배열 크기와 동일하기 때문이다.

```
#include <stdio.h>
#include <string.h>
void main(void)
{ void func(char str[]);
  char greet[20]="hello";
  func(greet);
}
void func(char str[])
{
  printf("func:%s₩n",str);
}
```

→ 실행결과

func:hello

핵 / 심 / 정 / 리 /

```
void main(void)
{  반환형 함수이름(인수형 인수이름, ....);

   함수 호출....
}
반환형 함수이름(인수형 인수이름, ....)
{
   명령문들 ...
   return(반환값);
}
```

```
void main(void)
{ int add (int a, int b);        → 이름선언
  printf("%d", add(10, 20));      → 호출
}
int add (int a, int b)           → 몸체선언
{ int s;
  s=a+b;
  return (s);
}
```

문제

1. 다음에서 사용자 정의 함수의 1)함수 이름선언, 2)함수 몸체선언, 3)함수 호출 부분을 찾아라.

```
#include <stdio.h>
void main(void)
{ int times(int num);
  int array[3] = {1, 2, 3};
  int i;
  for(i = 0; i <3; i++)
    printf("%5d", times(array[i]));
  putchar('\n');
}
int times(int num)
{
  return(num*2);
}
```

2. // 표시된 줄이 두 번 중복되므로 해당 부분을 사용자 정의 함수로 변경하여라.

```
#include <stdio.h>
void main(void)
{
  int a=23, b, sum=0;
  double num, times;
  char ch;
  b=25;
  sum=a+b;
  num=10.2;
  times=num * 12.4;
  ch='A';
```

```
    printf("******************************₩n");    //
    printf("******************************₩n");    //
    printf("화이팅 아자 !!$%%^&*#!!  ₩n");
    printf("변수출력%c, %d, %d, %d, %.2f ₩n", ch, a, b, sum, times);
    printf("******************************₩n");    //
    printf("******************************₩n");    //
}
```

> **➔ 실행결과**

```
******************************
******************************
화이팅 아자 !!$%^&*#!!
변수출력 A, 23, 25, 48, 126.48
******************************
******************************
```

3. 메인에서 함수를 호출하고, 호출된 함수에서 다른 함수를 호출하는 예이다. 실행결과를 적
어라.

```
#include <stdio.h>
void main(void)
{ void func1(void);

  printf("1₩n");
  printf("2₩n");
  func1();
  printf("3₩n");
}
void func1(void)
{ void func2(void);

  printf("4₩n");
  func2();
```

```
    printf("5\n");
}
void func2(void)
{
    printf("6\n");
    printf("7\n");
}
```

지역변수와 전역변수

개념

모든 변수는 어느 위치에 선언되는가에 따라 사용되는 범위가 달라진다. **지역변수**는 (Block Scope, local variable) 함수 블록 안에서 선언되고, 해당 함수에서만 사용된다. **전역변수**는(File Scope, global variable) 함수 블록 밖에서 선언되고, 블록경계와 관계없이 선언 이후부터 프로그램 끝까지 사용된다. 이제까지는 메인 블록 안에서 선언한 지역변수만 사용하였다. 이제 사용자 정의 함수를 배웠으니 메인함수 외에 다른 함수들이 이어져 나오고 함수 블록 밖과 안의 구분이 명확히 생겨서 지역변수와 전역변수의 차이를 이해할 수 있다(지역변수와 전역변수를 이 시점에 설명하는 이유이기도 하다).

```
int global; /* 전역변수, 선언 이후 소스 끝까지 사용가능 */
```

```
void main(void)
{
int local; /* 지역변수, 이 블럭 내에서만 사용가능 */
이곳에서 global 사용가능, local 사용가능
}
```

```
함수1(...)
{이곳에서 global 사용가능, local 사용불가능
}
```

```
함수2(...)
{이곳에서 global 사용가능, local 사용불가능
}
```

global

local

지역변수는 다른 함수 내에서 같은 이름을 사용해도 무방하다. 할당되는 메모리 영역이 달라서 서로에게 영향을 주지 않기 때문이다. 전역변수와 지역변수가 동일 이름인 경우에는 충돌이 발생하는데, 적은 영역에 해당하는 지역변수가 우선된다.

다음의 경우 메인과 func 함수가 모두 a를 사용하고, func()의 반환값도 a로 받는다(func()의 인수 a는 func()에 속하는 특별한 의미의 지역변수이다). 메인의 a와 func()의 a는 별개의 영역에 확보되어 독립적으로 사용되므로 문제가 없다.

```
#include <stdio.h>
void main(void )
{ int func(int a);
  int a;

  a=30;
  a=func(a);
  printf("%d\n",a);
}

int func(int a)
{ a=a*2;
  return(a);
}
```

➡ **실행결과**

```
60
```

이 경우는 a를 넘겨서 수정한 결과를 다시 a에 받았는데, 이를 전역변수로 선언하여 동일한 결과가 나오도록 수정해보자.

```
#include <stdio.h>
int a;
void main(void )
{ void func(void);
  a=30;
```

```
    func();
    printf("%d\n",a);
}
void func(void)
{  a=a*2;
}
```

➡ **실행결과**

60

함수 내에서만 사용하는 변수는 모두 지역변수로 선언하면 된다. 그런데 두 개 이상의 함수가 변수를 공유할 때는 전역변수 외에도 지역변수로서 인수와 반환값을 주고받을 수도 있다. 이 두 가지 방법을 비교해보면 전역변수는 코딩이 간편한 반면 메모리의 효율성이 떨어진다. 따라서 다수의 함수에서 공통으로 사용하는 변수의 경우는 전역으로 사용하고, 나머지는 인수와 반환값의 지역변수로 적절히 혼합하여 사용하는 것이 바람직하다.

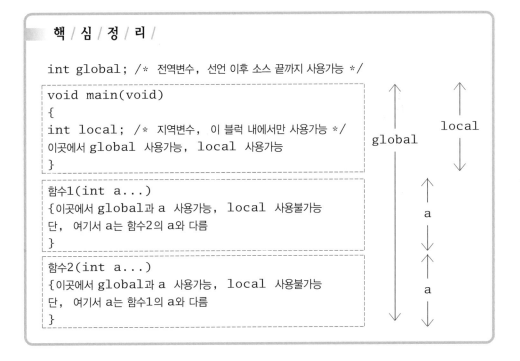

핵 / 심 / 정 / 리 /

```
int global;  /* 전역변수, 선언 이후 소스 끝까지 사용가능 */
```

```
void main(void)
{
int local;  /* 지역변수, 이 블럭 내에서만 사용가능 */
이곳에서 global 사용가능, local 사용가능
}
```

```
함수1(int a...)
{이곳에서 global과 a 사용가능, local 사용불가능
단, 여기서 a는 함수2의 a와 다름
}
```

```
함수2(int a...)
{이곳에서 global과 a 사용가능, local 사용불가능
단, 여기서 a는 함수1의 a와 다름
}
```

global   local   a   a

문제

1. 다음 소스의 실행 결과를 적어라.

```c
#include <stdio.h>
int count=3;              /*전역변수*/
void main(void)
  {
  int count;            /* 지역변수, 앞에도 같은 이름의 전역변수 존재함 */
  count = 1;
  printf("%d",count);
  }
```

종합문제

1. 다음은 컴퓨터에서 임의의 난수를 이용하여 추출된 두 자리 정수를 맞추는 게임이다. 매번 얼마나 근접하는지의 힌트를 보여주면서 10회까지 기회를 주어서 성공 또는 실패를 알려주고 종료한다. 컴퓨터에서 임의의 난수를 얻는 함수를 호출하여 두 자리 정수를 얻는 명령문을 빈칸에 넣어라(rand( ) : 임의의 난수를 반환함, abs(x) : x의 절대값을 반환함).

```
#include <stdio.h>
#include <stdlib.h>
#include <time.h>

void main(void)
{
  int num,user,diff,i=1;

  srand(time(NULL));   // rand( )의 호출 전에 현재시간을 이용하여 관련 변수 초기화함
  num=_____①_____;   // 무작위로 선택된 값을 99로 나눈 나머지를 구함
  printf("%d 회 시도 .. 숫자맞추기 : (0:종료) ",i);
  scanf("%d",&user);
  while (user > 0)
  { diff=num-user;
    if (diff==0)
    { printf("성공 ₩n");
      break;
    }
    if (abs(diff)<25)
      printf("조금₩n");
    else printf("아주₩n");
    if (diff>0)
      printf("낮음₩n");
```

```
    else printf("높음\n");
    i++;
    if (i <= 10)
    { printf("%d 회 시도 .. 숫자맞추기 : (0:종료) ",i);
      scanf("%d",&user);
    }
    else
    { printf("실패\n");
      break;
    }
  }
  printf("정답은 : %d, 시도횟수는 : %d\n",num,user?i:i-1);
}
```

➔ **실행결과**

1 회 시도 .. 숫자맞추기 : (0:종료) 45
아주
낮음
2 회 시도 .. 숫자맞추기 : (0:종료) 56
조금
낮음
3 회 시도 .. 숫자맞추기 : (0:종료) 67
조금
낮음
4 회 시도 .. 숫자맞추기 : (0:종료) 70
조금
낮음
5 회 시도 .. 숫자맞추기 : (0:종료) 74
조금
높음
6 회 시도 .. 숫자맞추기 : (0:종료) 73
조금

높음

7 회 시도 .. 숫자맞추기 : (0:종료) 71

성공

정답은 : 71, 시도횟수는 : 7

※ user?i:i-1은 user가 참일 때 i를, user가 거짓일 때 i-1을 선택하는 3항연산자이다.

2. 다음은 함수를 사용하기 이전 문제의 설명과 프로그램 소스이다. 함수 호출 유형에 따른 변화를 상세히 살펴보기 위해 문제를 작게 나누어 보았다. 각 유형별 함수 호출 방식으로 소스를 수정한다(DFD도 문제를 이해하는 데 도움을 주기 위해 첨부하였는데 쉽게 이해되지 않으면 그냥 넘어가길 바란다).

– 사용자에게 선택 입력요청 메시지를 출력한다(덧셈, 뺄셈, 곱셈).

– 사용자로부터 menu를 입력받는다.

– 사용자에게 두 수 입력요청 메시지를 출력한다.

– 사용자로부터 두 수를 입력받는다.

– 선택에 따라 계산한다.

– 계산결과를 사용자에게 출력한다.

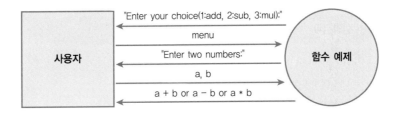

```
#include <stdio.h>
void main(void)
{ int a,b, menu, cal;
  printf("Enter your choice (1:add,2:sub,3:mul) : ");
  scanf("%d",&menu);
  printf("Enter two numbers : ");
  scanf("%d%d",&a,&b);
  switch (menu)
  { case 1 : cal=a+b;
             break;
    case 2 : cal=a-b;
             break;
    case 3 : cal=a*b;
             break;
    default : printf("Your choice is Error ");
  }
  printf("result is %d\n",cal);
}
```

➜ 실행결과

Enter your choice (1:add,2:sub,3:mul) : *1*

Enter two numbers : *3 4*

Result is 7

Enter your choice (1:add,2:sub,3:mul) : *3*

Enter two numbers : *3 4*

Result is 12

(1) 함수유형 1 (3. 인수 없음, 7. 반환 없음)

　　– 사용자에게 선택 입력요청 메시지를 출력한다(덧셈, 뺄셈, 곱셈).

　　– 사용자로부터 menu를 입력받는다.

　　– 선택에 따라 해당 함수를 호출한다.

　　– (호출함수) 사용자에게 두 수 입력요청 메시지를 출력한다.

　　– (호출함수) 사용자로부터 두 수를 입력받는다.

　　– (호출함수) 계산결과를 사용자에게 출력한다.

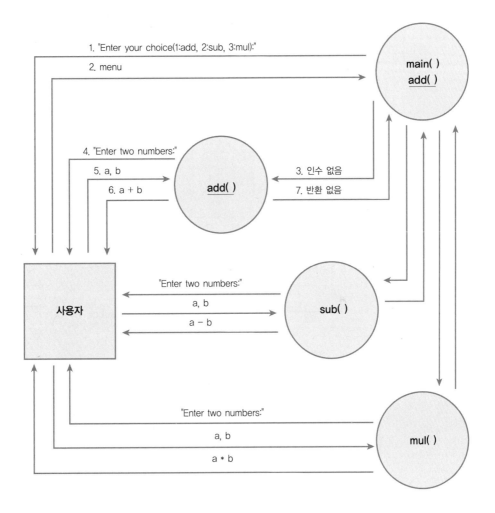

(2) 함수유형 2 (5. 인수 있음, 7. 반환 없음)

　– 사용자에게 선택 입력요청 메시지를 출력한다(덧셈, 뺄셈, 곱셈).

　– 사용자로부터 menu를 입력받는다.

　– 사용자에게 두 수 입력요청 메시지를 출력한다.

　– 사용자로부터 두 수를 입력받는다.

　– 선택에 따라 두 수를 인수로 해당 함수를 호출한다.

　– (호출함수) 계산결과를 사용자에게 출력한다.

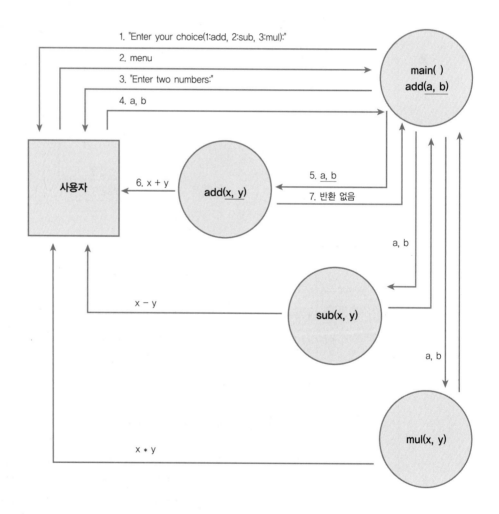

(3) 함수유형 3 (5. 인수 있음, 6. 반환 있음)

    – 사용자에게 선택 입력요청 메시지를 출력한다(덧셈, 뺄셈, 곱셈).

    – 사용자로부터 menu를 입력받는다.

    – 사용자에게 두 수 입력요청 메시지를 출력한다.

    – 사용자로부터 두 수를 입력받는다.

    – 선택에 따라 두 수를 인수로 해당 함수를 호출하고 반환값을 받는다.

    – (호출함수) 계산결과를 반환한다.

    – 계산 결과를 사용자에게 출력한다.

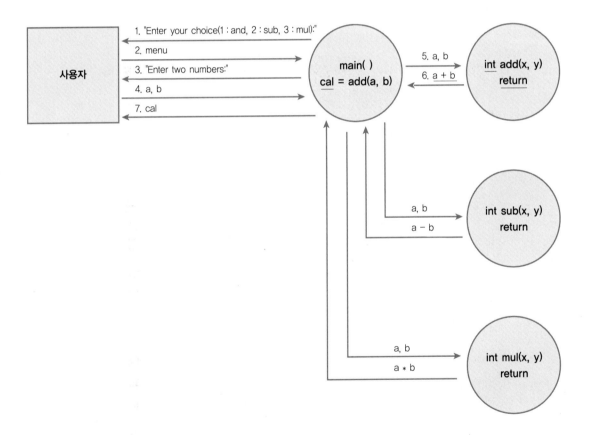

씽킹 다이어리

C프로그래밍으로 가는 여행

*Let this book change you
and you can change the world!*

하늘은 스스로 돕는 자를 돕는다.
'자조'의 정신은 한 사람 한 사람이 자기를 계발하는 진정한 뿌리이고,
그것이 많은 사람들의 삶을 통해 드러날 때 한 국가의 국력이 된다.
남의 도움은 사람을 나약하게 만들지만 스스로 돕는 것은 강력한 힘이 된다.

_《자조론(Self-Help)》(1859), 새뮤얼 스마일즈(Samuel Smiles)

Part 05

구조체

구조체 정의

키워드

구조

:: **구조(構造)**[명사]: 어떤 물건이나 조직체 따위의 전체를 이루고 있는 부분들의 서로 짜인 관계나 그 체계. 기계의 구조/사회의 구조

:: structure: 「조립하다」의 뜻에서 n.1 구조, 기구, 조직, 구성, 조립

개념

구조체 변수는 structure variable이고 **struct**이라는 키워드를 사용한다. 구조체란 의미상 관계가 있는 변수들을 그룹으로 묶은 것이다. 묶어서 또 이름이 있어야 하니까 변수이름 규칙에 따라 구조체 변수 이름을 정한다. 그러나 구조체 변수는 묶음 이름이니까 지금까지 알던 변수처럼 메모리를 따로 가질 필요는 없다. 즉, '홍길동', '홍길순', '홍길자' 이렇게 한 가족이라서 '길동가족'이라고 묶을 수 있고, 여기서 '길동가족'을 구조체 변수로 비유할 수 있다.

1. 구조체 선언

어떤 신청서를 쓴다면 꼭 빠지지 않는 기본 정보인 이름과 나이를 선언해 보자.

```
char name[8];
int age;
```

이름, 나이 등 이렇게 항상 같이 사용하는 정보들을 '개인정보'라고 묶어서 부르기도 한다. 따라서 구조체로 변환하기 위해 우선 두 줄을 블록 열고 닫는 기호를 사용하여 묶는다.

```
{ char name[8];
  int age; }
```

구조체도 이름이 필요하니까 묶음 뒤에 구조체 변수 이름을 넣어준다. 변수 선언할 때 앞부분이 자료형이고 뒷부분이 이름(int a)이듯이, 여기서도 묶음이 자료형이니까 앞부분이 되고 묶음 뒤에 이름을 넣는 것이다.

```
{ char name[8];
  int age; } person;
```

그런데 묶은 것만 가지고 구조체라고 볼수 없다(그 외에 공용체도 존재함). 따라서 묶음 앞에 이것이 구조체임을 알리는 키워드 struct를 넣어준다.

```
struct { char name[8];
         int age; } person;
```

이제 person은 구조체 변수이고 묶음 안에 변수들은 구조체의 멤버라고 부른다. 기존의 변수와 비교하면 자료형에 해당하는 int 대신에 앞부분 struct {...}가 있고 뒷부분은 마찬가지 변수이름에 해당한다. 이를 이해하기 좋게 해석한다면, 'person은 **빗금영역** 형이다' 라고 할 수 있다. 구조체 변수가 여러 개 있다면 int a, b; 하듯이 변수들을 콤마로 구분한다.

```
struct { char name[8];
         int age; } person1, person2;
```

구조체 변수 person1, person2는 각각 멤버 name과 age를 갖는다.

2.　**구조체 사용**

구조체는 묶음 이름이므로 자체가 값을 갖지 않고, 멤버들이 값을 갖는다. 따라서 구조체 이름과 멤버 이름을 "**멤버 연산자 .**"로 연결시켜 사용한다. 선언과 사용의 관계를 일반변수와 비교해 본다.

선언	int a;	int a[5];	struct { char name[8]; int age; } person;
사용	a=1;	a[0]=10;	person.age = 30;

초기화	int a=10;	int a[5]={1,2,3,4,5};	struct { char name[8]; int age;} person = {"John",45}; person.name에 "John"이, person.age에 45가 들어간다

일반변수가 선언과 함께 값을 초기화하는 것과 동일하게 구조체도 멤버값을 나열하고 묶어서 초기화한다.

3. 구조체 효과

아래는 여러 개의 동일한 구조체 변수 person1과 person2가 있고, 첫 번째 구조체 변수만 초기화되어 있다.

```
struct { char name[8];
         int age; } person1={"John",45}, person2;
```

person1을 person2에 복사한 후 person2를 출력하려고 한다. 해당되는 멤버 간 각각 복사하는 것보다는 구조체 변수 간 복사하는 것이 효율적이다.

```
strcpy(person2.name, person1.name); //person2.name=person1.name은 오류. 함수부분참조
person2.age = person1.age;
==>
person2 = person1;
```

완성된 소스는 다음과 같다. 멤버의 수가 많은 경우 구조체를 사용하는 효과가 더욱 극대화된다.

```
#include <stdio.h>
void main(void)
{
   struct { char name[8];
            int age; } person1={"John",45}, person2;
   person2 = person1;
   printf("이름: %s 나이:%d 이다.₩n", person2.name, person2.age);
}
```

➔ 실행결과

이름: John 나이: 45 이다.

Memory 메모리 설명

```
struct { char name[8];
         int age; } person = {"John",45};
```

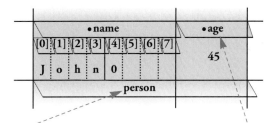

구조체 변수 person은 하단에 명시하였고, 멤버명은 멤버연산자 . 을 붙여서 상단에 명시하였다. 특히 멤버 name은 문자열이므로 그 안에서 8칸이 나누어지는 것을 보여준다.

4. 구조체 자료형

여러 개의 함수에서 동일한 형태의 구조체 선언을 반복하는 경우를 생각해 보자. 일반 변수의 경우는 자료형이 int, char와 같이 간단하지만 구조체는 멤버들을 모두 포함해서 반복되는 코드의 양이 많다. 구조체 자료형에 별도의 이름을 붙여서 선언하고 사용하는 것이 경제적이다.

기본자료형 반복	구조체 자료형 반복
void main(void)	void main(void)
{ int a;	{ struct { char name[8];
...	int age; } person1;
}	...
void head(void)	}
{ int i;	void head(void)
...	{ struct { char name[8];
}	int age; } person2;
	...
	}

다음과 같이 구조체 자료형 이름을 정해서 struct과 묶음 사이에 명시한다. person_type이 구조체 자료형 이름이다. 이름을 정할 때는 변수규칙에 따르지만 변수는 아니므로 변수와 혼돈하지 않도록 주의한다. 구조체 자료형 선언은 선택적이다. 구조체 변수 선언이 한 번만 나오는 경우라면 자료형 선언을 하는 것이 번거로워 보이지만, 위의 경우 외에도 필요성이 있으므로 구조체 자료형을 선언하는 것이 일반적이다.

```
struct person_type { char name[8];
                     int age; };
```

구조체 변수를 선언하는 시점에 앞서 자료형 선언이 되어 있다면 앞부분에 구조체 자료형이름만 넣고 (멤버들의 나열대신) 변수이름을 명시한다. 이를 이해하기 좋게 해석한다면, '빗금영역을 struct person_type으로 부른다.'라고 할 수 있다.

```
struct person_type person1;
```

자료형 선언을 하면서 동시에 변수 선언을 하는 것도 가능하다.

```
struct person_type { char name[8];
                          int age; } person1, person2;
```

5. 구조체 인수

이름과 나이를 함수의 인수로 넘겨서 그 함수에서 출력하도록 코딩해 보자.

```
#include <stdio.h>
void main(void)
{
  void prt(char fname[], int fage);
  char name[8]="John";
  int age=45;
  prt(name,age);  // 여러 개 변수를 인수로 넘김
}
void prt(char fname[],int fage)
{ printf("이름 %s 나이 %d입니다.", fname, fage);
}
```

➔ 실행결과

이름 John 나이 45입니다.

다음과 같이 이름과 나이를 구조체로 선언한다면, 함수의 호출 시 구조체 변수 한 개만 인수로 넘기므로 코드가 간결해진다. 구조체 멤버의 수가 많다면 그 효과가 더욱 커진다. 구조체 변수 간 복사하는 것과 같은 원리이다. 또한 함수의 인수에서 구조체 변수를 선언할 때 구조체 자료형 선언이 매우 효과적이다(함수 뒤 괄호 안에 모든 멤버를 나열하지 않으므로).

```
#include <stdio.h>
struct person_type { char name[8];
                        int age; }; // 구조체 자료형 선언
```

```
void main(void)
{
  void prt(struct person_type man);  // 구조체 변수 선언 1
  struct person_type person = {"John",45}; // 구조체 변수 선언 2
  prt(person);  // 구조체 변수만 인수로 넘김
}
void prt(struct person_type man)  // 구조체 변수 선언 3
{ printf("이름 %s 나이 %d입니다.", man.name, man.age);
}
```

➡ **실행결과**

이름 John 나이 45입니다.

➡ **확인**

구조체는 여러 변수를 묶어 하나의 변수로 나타낸 것이다. '묶어서 하나의 변수'라는
의미는 배열에서도 사용하던 것인데, 배열과 구조체는 어떤 차이가 있는지 살펴보자.

구조체	배열
다양한 자료형 변수를 묶는다.	같은 자료형 변수를 묶는다.
멤버들의 순서는 의미가 없다.	순서는 의미가 있다.
다른 자료형이기 때문에 각각의 멤버이름이 모두 존재하고, 그것을 묶은 구조체 변수 이름이 추가적으로 필요하다. 멤버이름으로 사용하니까 순서는 의미 없다.	같은 자료형이기 때문에 하나의 대표이름과 첨자(순서번호)를 사용한다.
자료형 선언과 변수 선언의 두 단계가 가능하다.	변수 선언의 한 단계만 한다.

다
·
이
·
얼
·
로
·
그

 에이스는 배열이고 콘칩은 구조체란다.

 잉?

 에이스는 네모난 과자가 순서대로 주~욱 들어있고, 콘칩은 서로 다른 모양이 마구 섞여 있으니깐 그런가요?

 콘칩도 모양이 거의 비슷한데...

 이럴 땐 대충 넘어가지. 날리는 쓸데없는 지점에서 꼼꼼해지는 게 흠이야 (워낙 많은 흠 중에 하나지). 범생이 말이 맞아요.

 그럼. 필통과 연필과 지우개가 들어있는 문구세트도 구조체인가요?

 맞아, 맞아.

 그런데, 샘님. 연필 12개가 한 박스에 있고, 그게 다시 문구세트에 있는데요. 연필 한 박스는 배열 아닌가요? 어찌 배열과 구조체가 이리 섞여 있죠?

 당연히 섞일 수 있지. 하지만 각각의 위치가 있어. 즉, 연필 한 박스는 배열이지만, 그 배열이 문구세트 구조체의 한 멤버일 뿐이야.

 에고에고. 머리에 쥐나요.

 난 이해가 쏙쏙 되는데. 넘 재밌네.

핵 / 심 / 정 / 리 /

```
struct person_type { char name[8];
                     int age; } person        → 선언
                  ={"John",45};              → 초기화
printf("%s %d", person.name, person.age);   → 사용
```

◆ 코드설명

의미상 관계있는 두 개의 변수 name, age를 구조체 변수 person으로 묶어서 선언하고(이때 name과 age는 멤버라 부름),
사용 시는 구조체 변수명.멤버명으로 명시하면 됨

➡ **문제**

1. 이름과 나이를 구조체로 선언하여 입력받아 출력하여라.

◆ 실행결과

Smith
34
이름 Smith 나이 34입니다.

2. 년, 월, 일을 구조체로 선언하여 입력받아 출력하여라(구조체 자료형 선언하기).

◆ 실행결과

1999 12 1
1999 12 1

3. 년, 월, 일을 구조체로 선언하여 입력받은 후 구조체를 인수로 갖는 출력함수를 호출한다.
출력함수에서 인수로 받은 구조체를 출력하여라.

➔ **실행결과**

1999 12 24
1999 12 24 ← 출력함수에서 출력함

구조체 배열

개념

구조체 배열은 구조체가 여러 개 나열되는 것으로서 정수형이 정수형 배열로 변환되는 것과 같은 형태로 변환된다.

```
int a;
-->
int a[10];
```

위와 같이 구조체 변수 이름 뒤에 [ ]가 붙으면 된다.

```
struct person_type { char name[8];
                     int age; } persons;
==>
struct person_type { char name[8];
                     int age; } persons[2];
```

결과적으로 persons[0]과 psersons[1]의 두 개 구조체 변수가 있고, 각각은 persons[0].name, persons[0].age와 persons[1].name, persons[1].age를 갖는다.

다음의 표와 같이 정수형이 배열로 변환되면서 선언, 초기화, 사용이 변환되는 방식이 구조체가 구조체 배열로 변환되면서 동일하게 적용된다. 초기화의 경우에도 구조체의 한 세트 값이 여러 개 반복되면서 각각이 { }으로 묶인다. 여기서 persons[0].name과 person.name[0]는 완전히 다르다. 전자는 구조체 배열 persons 첫 번째의 name 멤버 전체 ("John")이고, 후자는 구조체 person의 name 멤버 첫 번째 문자를('J') 의미한다. 구조체 배열을 사용할 때는 반드시 구조체 변수 바로 뒤에 [ ]를 넣는다.

	일반	배열
정수	int a=0; a=10;	int a[5]={1,2,3,4,5}; a[0]=10;
구조체	struct person_type {char name{8}; int age; }; struct person_type person= {"John",45}; person.age = 30;	struct person_type {char name{8}; int age; }; struct person_type persons[2]={{"John", 45}, {"홍길동",30}}; persons[0].age = 30;

다음 소스는 구조체 배열을 선언하여 반복적으로 입력받고 출력하는 간단한 예이다.

```
#include<stdio.h>
struct person_type { char name[8];
                     int age; };
void main(void)
{
  struct person_type persons[2];
  int i;
  for (i=0; i<2; i++)
  { scanf("%s", persons[i].name);
    scanf("%d", &persons[i].age);
  }
  for (i=0; i<2; i++)
    printf("이름%s 나이%d입니다.\n", persons[i].name,persons[i].age);
}
```

➔ 실행결과

길동 23
길순 34
이름 길동 나이 23입니다.
이름 길순 나이 34입니다.

만약 구조체가 없었다면 각각의 변수를 크기 2의 배열로 선언해야 한다. 이름은 2차원 배열이 되고, 나이는 1차원 배열이 된다. 여기서 두 개의 공통적인 [2]가 빠져나와서 구조체 변수 뒤로 이동하면서 구조체 배열로 변환되는 셈이다.

```
char name[2][8];
int  age[2];
==>
struct { char name[8];
         int age; } persons[2];
```

Memory 메모리 설명

```
struct person_type { char name[8];
                     int age; } persons[2]={{"John",45},
                                            {"홍길동",30}};
```

	[0]		[1]	
	•name	•age	•name	•age
	[0][1][2][3][4][5][6][7]		[0][1][2][3][4][5][6][7]	
	J o h n 0	45	홍 길 동 0	30
		persons		

구조체 배열 변수는 하단에 표시하였고, 배열첨자를 1차 상단에 각각의 멤버는 2차 상단에 표시하였다. persons[0]이 첫 번째이고, persons[1]은 두 번째이며, 각각에서 persons[0].name이 "John"이고, persons[0].age가 45이며, persons[1].name은 "홍길동"이고, persons[1].age는 30이다.

➡️ **확인** 🖊️

구조체의 개념을 정리하기 위해 기본적인 변수의 사용부터 한 단계씩 확장해 가도록 한다. 각각의 소스 뒤에 덧붙인 디버깅표를 참고하길 바란다.

1. **펜값을 입력받고 출력하여라.**

➕ pen 선언

➕ pen 입력

➕ pen 출력

```c
#include<stdio.h>
void main(void)
{ int pen;
1 scanf("%d",&pen);
2 printf("pen: %d\n",pen);
}
```

step	입력	pen	출력
1	300	300	
2		300	pen: 300

2. **펜 세 개를 반복 입력받고 출력하여라.**

➕ pen[3] 선언

➕ pen[] 3개 입력

➕ pen[] 3개 출력

```c
#include<stdio.h>
void main(void)
{ int pen[3],i;
```

```
1 for (i=0;i<3;i++)
2    scanf("%d",&pen[i]);
3 for (i=0;i<3;i++)
4    printf("pen: %d ₩n",pen[i]);
}
```

step	입력	pen			i	출력
		[0]	[1]	[2]		
2-0	300	300			0	
2-1	400	300	400		1	
2-2	500	300	400	500	2	
4-0		300	400	500	0	pen: 300
4-1		300	400	500	1	pen: 400
4-2		300	400	500	2	pen: 500

3. 펜 세 개, 지우개 한 개가 하나의 선물세트 안에 들어있을 때 구조체로 입력받고 출력하여라.

✦ pen[3], eraser를 묶는 구조체 set 선언

✦ set.pen[] 3개 입력

✦ set.eraser 입력

✦ set.pen[] 3개 출력

✦ set.eraser 출력

```
#include<stdio.h>
void main(void)
{ struct set_type {int pen[3];
                   int eraser; } set;
  int i;
1 for (i=0;i<3;i++)
2    scanf("%d",&set.pen[i]);
```

핵 / 심 / 정 / 리 /

```
struct person_type { char name[8];
                     int age; } persons[2];
strcpy(persons[0].name,"John");
persons[0].age=45;
```

➡ 코드설명

구조체 변수를 여러 개 나열하여 배열이 된다.

선언 : 구조체 변수 이름 뒤에 [개수]를 추가

사용 : 구조체 변수 뒤에 [첨자]를 붙이고 .멤버명을 사용

➡ **문제**

1. 년, 월, 일을 구조체 배열(크기 2)로 선언하여 반복 입력받아 출력하여라.

➡ 실행결과

1999 12 1
2000 12 3
1999 12 1
2000 12 3

공용체

CHAPTER 03

→ 개념

공용체는 구조체처럼 변수들의 묶음으로 이루어지는데, 멤버 간에 메모리를 공유하는 차이점을 갖는다. 여러 개의 멤버들이 같은 시작주소로부터 각각의 용량만큼 함께 공유하는 것이다. 따라서 한 멤버에 값을 할당한 후 다른 멤버에 값을 할당하면 먼저 있었던 값을 잃게 된다. 선언과 사용에 있어서 struct 대신 union을 사용하는 것만 제외하면 구조체와 동일하다.

```
union data_type { char a;
                  int b;
                  long c; } data;

data.a = 'A';
data.b = 10;
```

위 소스의 두 개의 명령을 수행하고 나면 먼저 넣었던 'A'는 잃고 10이 남는다. 만약에 순서가 바뀌어서 10을 먼저 넣고 'A'를 넣는다면 첫 번째 바이트는 'A'가 남고, 2~4번째 바이트는 10의 뒷부분이 남는다. 이제까지 변수는 한 가지 자료형만 적용할 수 있었다. 그러나 공용체는 같은 메모리를 공유하면서 여러 가지 자료형을 동시에 적용할 수 있는 것이 특징이다.

다음 소스는 정수형과 문자형 4개를 공용체로 선언한 후, 정수형에 값을 넣고 나서 문자형 4개를 이용하여 읽어본다. 정수형이 실제로 메모리에 어떻게 저장되는지 바이트 단위로 나누어 알아 볼 수 있다. 메모리의 효율적인 관리 또는 특수한 목적을 위해 시스템 프로그램에서 주로 이용된다.

```
#include <stdio.h>
void main(void)
{
  union data_type { char ch[4];
                    int num; } data;
  data.num = 0x12345678;
  printf("num = %#x\n", data.num);
  printf("ch[0] = %#x, ch[1] = %#x, ch[2] = %#x, ch[3] = %#x\n",
      data.ch[0], data.ch[1],data.ch[2], data.ch[3]);
}
```

➔ 실행결과

num = 0x12345678
ch[0] = 0x78, ch[1] = 0x56, ch[2] = 0x34, ch[3] = 0x12

➔ 코드설명

%#x는 16진수로 출력함

핵 / 심 / 정 / 리 /

```
union data_type { char ch[4];
                  int num; } data;
printf("%c %d",data.ch[0],data.num);
```

➔ 코드설명

멤버 간 메모리를 공유하므로 num에 값을 넣으면 ch에도 값이 들어간다. 즉, num
은 숫자로 처리하고, ch는 4바이트로 나누어 문자로 처리한다.

문제

1. a.x에 100을 넣었다. b의 어느 항목이 영향을 받는지 알기 위해 해당 항목을 출력하여라. 또한 b.iy에 97을 넣었다. y의 어느 항목이 영향을 받는지 알기 위해 해당 항목을 출력하여라.

```
#include<stdio.h>
struct bpe { int ix;
             int iy;
             int iz; };
union ape { struct bpe b;
            int x;
            char y[6]; } a;

main(void)
{
  a.x = 100;
┌─────────────────────────────────────────────┐
│                      ①                       │
└─────────────────────────────────────────────┘
  a.b.iy = 97;
┌─────────────────────────────────────────────┐
│                      ②                       │
└─────────────────────────────────────────────┘
}
```

구조체 비트 필드

개념

다음과 같이 구조체의 멤버 뒤에 비트수를 지정하면, 해당 멤버 변수는 정해진 비트 크기만 할당된다. 단, type은 int 혹은 unsigned 중 하나이어야 한다(정수형 멤버만 해당됨).

```
type name : size ;
```

다음 소스를 보면 멤버별로 변수이름 뒤에 :을 넣고 비트수를 지정하였다. 참/거짓 또는 한 자리 정수와 같이 유효값의 범위가 존재한다면 비트 단위로 할당하여 메모리를 절약할 수 있다. department에 3비트가 할당되었는데 7을 넘으면 오류이므로 주의한다(3비트로 표현하는 최대값은 111로서 7임).

```
struct inv_type { unsigned department: 3; //3비트
                  unsigned instock: 1; //1비트
                  unsigned backordered: 1; //1비트
                  unsigned lead_time: 3; } inv; //3비트
inv.department = 3 ;
```

다음 소스에서 오류를 찾아보자. 실행 결과를 보면 data.bit1 = 0이 나온다 (bit1에 32를 넣었음). 비트필드 선언을 보면 5비트를 할당하였는데 값으로 32를 넣어서, 100000(32의 이진수표현)에서 첫째 비트가 잘려나가고 0이 남은 것이다. 5비트의 최대값은 11111(31의 이진수 표현)이다. 그러나 컴파일 오류는 나지 않고 실행 결과만 잘못 나오므로, 코딩 시 주의해야 한다.

```
#include <stdio.h>
void main(void)
{
  struct bit_field { unsigned bit1 : 5, bit2: 2;
                     unsigned bit3 : 4, bit4: 3; } data;
  data.bit1 = 32;
  data.bit2 = 3;
  data.bit3 = 15;
  data.bit4 = 7;
  printf("data.bit1=%u, data.bit2- %u\n",data.bit1,data.bit2);
  printf("data.bit3=%u, data.bit4 = %u\n",data.bit3,data.bit4);
}
```

➔ 실행결과

data.bit1 = 0, data.bit2 = 3
data.bit3 = 15, data.bit4 = 7

%u에서 형식지정자 u는 unsigned의 약자로서 unsigned 변수 출력용임.

종합문제

1. 시작일과 종료일을 입력하면 그 사이의 날짜수와 각각의 요일을 계산하여 출력하도록 빈
칸을 채워라. 윤년과 윤달을 모두 고려하여 계산한다(자신이 무슨 요일에 태어났는지 궁금
하거나, 애인과 며칠간 만났는지 궁금하면 이를 활용할 수 있음).

구분	계산방법
특정일 a와 b 사이의 날짜 수	1년 1월 1일부터 b까지의 날짜 수−1년 1월 1일부터 a까지의 날짜 수
특정일 a의 요일	(1년 1월 1일부터 a까지의 날짜 수) % 7

```
#include <stdio.h>
struct day_type {int yy;
                 int mm;
                 int dd; };
int cntday(struct day_type ymd);
void main(void)
{ int cntto,cntfrom;
  struct day_type from,to;
  char date[7][4]={"Sun","Mon","Tue","Wed","Thu","Fri","Sat"};
  printf("시작일 : ");
  scanf("%d%d%d",&from.yy,&from.mm,&from.dd);
  printf("종료일 : ");
  scanf("%d%d%d",&to.yy,&to.mm,&to.dd);
  cntfrom=cntday(___①___);
  cntto=cntday(___②___);
  printf("총날짜수는 %ld \n",cntto-cntfrom);
  printf("%d.%d.%d %s \n",from.yy,from.mm,from.dd,date[____③____]);
```

```
    printf("%d.%d.%d %s \n",to.yy,to.mm,to.dd,date[___④___]);
}

int cntday(struct day_type ymd)
{ int mon[]={31,28,31,30,31,30,31,31,30,31,30,31};
  int i;
  int cnt=0;
  cnt=(ymd.yy-1)*365+(ymd.yy-1)/4-(ymd.yy-1)/100+(ymd.yy-1)/400;
  if (!(ymd.yy%4) && ymd.yy%100 || !(ymd.yy%400))
    mon[1]++;
  for (i=0;i<ymd.mm-1;i++)
    cnt += mon[i];      // cnt = cnt + mon[i];와 동일함
  cnt += ymd.dd;        // cnt = cnt + ymd.dd;와 동일함
  return (__⑤__);
}
```

➡ **실행결과**

시작일 : 2007 1 21
종료일 : 2008 1 21
총날짜수는 365
2007.1.21 Sun
2008.1.21 Mon

2. 다음 소스는 최대 50개의 이름과 나이를 입력받아서 출력한다. '입력/ 출력/종료'를 포함
하는 메뉴를 만들어 반복시킨다. 최대 개수 이전에 종료하려면 이름 대신 0을 입력한다. 함
수 put_person()과 get_person()을 완성하여라.

```c
#include <stdio.h>
#include <stdlib.h>
struct person { char name[12];
                int age; };
void put_person(void);
void get_person(void);
struct person p[50];
int cnt=0;
void main(void)
{ int menu;
  do
  { printf("Enter Menu : (1:입력 2:출력 3:종료)");
    scanf("%d",&menu);
    switch (menu)
      {case 1 : put_person();
                break;
       case 2 : get_person();
                break;
       default : printf("종료\n");
       }
  }
  while (menu == 1 || menu == 2 );
}
void put_person(void)
{
```

```
                              ①




}

void get_person(void)
{

                              ②




}
```

▶ 실행결과

```
   Enter Menu : (1:입력 2:출력 3:종료)1
이름, 나이를 입력하여라 (0:종료)
John
34
Next Person ..
Smith
45
Next Person ..
0
   Enter Menu : (1:입력 2:출력 3:종료)2
이름          나이
John          34
Smith         45
   Enter Menu : (1:입력 2:출력 3:종료)3
종료
```

3. 완성된 2번에서 찾고자 하는 이름을 입력받고 검색하여 출력하는 find_person( )을 추가하여라. 메인에서 3번 메뉴를 추가하고, find_person( )은 이름 비교를 위해 strcmp( )를 사용한다. 찾지 못한 경우 "일치하는 데이터 없음"을 출력하여라.

```c
void find_person(void)
{ int find=0,i;
  char name[12];
  fflush(stdin);          //입력버퍼에 남은 불필요한 데이터 없앰
  printf("찾는사람 이름 : ");
  gets(name);
  printf("%-12s %-4s\n","이름",  "나이");




  if (!find)
     printf("일치하는 데이터가 없음\n");
}
```

➔ 실행결과

```
  Enter Menu : (1:입력 2:출력 3:검색 4:종료)1
이름, 나이를 입력하여라 (0:종료)
John
34
Next Person ..
Smith
45
Next Person ..
0
  Enter Menu : (1:입력 2:출력 3:검색 4:종료)2
이름         나이
John         34
Smith        45
  Enter Menu : (1:입력 2:출력 3:검색 4:종료)3
```

찾는사람 이름 : *Smith*

이름   나이

Smith   45

  Enter Menu : (1:입력 2:출력 3:검색 4:종료) *4*

종료

4. 완성된 3번에서 '전화번호' 멤버를 추가하여라. 구조체 선언, 입력, 출력에서 해당 위치에 각각 추가한다(프로그램을 완성하고 나서 구조체 항목이 수정되는 경우는 자주 발생함).

◆ 실행결과

  Enter Menu : (1:입력 2:출력 3:검색 4:종료) *1*

이름, 전화, 나이를 입력하여라 (0:종료)

John

503-1234

34

Next Person ..

Smith

2733-2312

45

Next Person ..

0

  Enter Menu : (1:입력 2:출력 3:검색 4:종료) *2*

이름	전화	나이
John	503-1234	34
Smith	2733-2312	45

Enter Menu : (1:입력 2:출력 3:검색 4:종료) *3*

찾는사람 이름 : *Smith*

이름	전화	나이
Smith	2733-2312	45

  Enter Menu : (1:입력 2:출력 3:검색 4:종료) *4*

종료

IT 대한민국은 ITC(Info Tech Corea)가 함께 하겠습니다.
www.itcpub.co.kr

Let this book change you
and you can change the world!

아름다운 청춘을 위한 선언문

한근태의 《청춘예찬》 중에서

나는 나의 **능력**을 믿으며,

어떠한 어려움이나 고난도 이겨낼 것이다.

나는 자랑스러운 나를 만들 것이며,

항상 배우는 사람으로서 더 큰 사람이 될 것이다.

나는 늘 시작하는 사람으로서 새롭게 일할 것이며,

어떤 일도 포기하지 않고 끝까지 **성공**시킬 것이다.

나는 항상 **의욕**이 넘치는 사람으로서

행동과 언어, 그리고 표정을 밝게 할 것이다.

나는 **긍정적인** 사람으로서 마음이 병들지 않도록 할 것이며,

남을 미워하거나 시기, 질투하지 않을 것이다.

나는 내 나이가 몇 살이든 스무살의 **젊음**을 유지할 것이며,

한 가지 분야에서 전문가가 되어 나라에 보탬이 될 것이다.

나는 다른 사람의 입장에서 생각하고

나를 아는 모든 사람들을 **사랑**할 것이다.

나는 나의 신조를 매일 반복하며 실천할 것이다.

※ 웅진그룹 윤석금 회장이 매일 아침 외운다는 주문으로 유명해진 글이다.

Part 06

포인터

포인터 정의

CHAPTER

키워드

포인터

pointer n.

1 가리키는 사람[물건]

2 (시계저울 능의) 바늘, 시침(示針); (칠판 등을 가리키는) 지시봉, 교편, 채찍

개념

포인터 변수는 '변수를 가리키는 변수'로서, 가리킨다는 의미는 다른 변수의 주소 값을 가진다는 뜻이다. 주소도 역시 숫자일 테니 단지 값만 본다면 이것이 주소인지 단순한 값인지 어떻게 구분할 것인가? 따라서 선언할 때 포인터임을 명시해야 한다.

1. 선언

포인터라는 표시도 있어야 하면서 기존의 기본 자료형도 포함하도록 선언해야 한다. 왜냐하면 정수 포인터(정수형을 가리키는), 실수 포인터(실수형을 가리키는)와 같은 의미를 갖기 때문이다.

기존과 동일하게 표현하되, 단지 변수명 앞에 *만 덧붙이면 된다. pch는 문자형을 가리키는 포인터이고, pdnum은 실수형을 가리키는 포인터이다. 즉, *은 '가리키는 변수'를 의미하는 **간접연산자**이다(포인터연산자, 참조연산자 등으로 불리기도 한다).

```
char *pch;
double *pdnum;
```

2.　　**연결**

포인터는 기본 변수처럼 선언 → 사용이 아니고, 선언 → **연결** → 사용이다. 연결이란 포인터에 어떤 주소 값이 할당되는 것이다. 그리고 사용 단계에서 포인터 변수가 가리키는 변수를 접근하는 것이다(접근한다는 것은 읽거나 쓰는 것을 의미함).

pch=주소;

변수의 주소를 알려주는 방법이 필요하므로, **& (주소연산자)**가 등장한다. 주소연산자를 사용하면 모든 변수의 주소값을 얻을 수 있다.

```
#include<stdio.h>
void main(void)
{
   char ch='A';
   printf("%c... %d",ch, &ch);
}
```

➔ **실행결과**

A...1245044

➔ **코드설명**

여러분의 시스템은 다른 주소값이 나올 것이다. 주소는 시스템마다 실행 시점마다 다르기 때문이다.

```
char ch='A';
char *pch; // 두 줄을 묶어서 char ch='A', *pch; 로 적어도 된다.
double dnum=3.14;
double *pdnum; // 두 줄을 묶어서 double dnum=3.14, *pdnum; 으로 적어도 된다.

pch=&ch;
pdnum=&dnum;
```

pch는 문자 포인터, pdnum은 실수 포인터이므로 각각의 자료형에 맞도록 pch에는 문자변수 ch의 주소를 넣고, pdnum에는 실수변수 dnum의 주소를 넣는다. 이로써 pch가 ch를 가리키도록 연결된 것이고, pdnum이 dnum을 가리키도록 연결된 것이다.

pch는 ch의 주소인 0x00000004를 pdnum은 dnum의 주소인 0x0000000c를 가진다(편의상 이 그림의 메모리 주소는 세로분류(0000)와 가로분류(0004)를 이어서 읽는 것으로 약속한다). 개념적으로 가리키는 화살표가 생겼다고 생각하면 된다. 여기서 살펴볼 내용은 ch와 dnum은 각각 1바이트와 8바이트의 다른 크기를 갖지만 주소인 pch와 pdnum은 동일하게 4바이트 주소 크기를 갖는다는 점이다.

3. 사용

사용이란 포인터 변수가 가리키는 변수를 접근하는 것이다. 이는 선언할 때 사용한 간접연산자 *을 이용하면 된다. pch가 ch와 연결되고, pdnum이 dnum과 연결되어 두 개의 포인터 변수 pch와 pdnum에 간접연산자 *을 사용하면 가리키는 변수인 ch와 dnum의 값을 각각 읽어서 출력한다.

```
#include<stdio.h>
void main(void)
{
    char ch='A', *pch;
    double dnum=3.14, *pdnum;
    pch=&ch;
    pdnum=&dnum;
    printf("%c\n", *pch);
    printf("%f", *pdnum);
}
```

A
3.140000

간접연산자를 이용해서 가리키는 변수를 읽는 것뿐 아니라 수정할 수도 있다. 다음과 같이 포인터 변수에 간접연산자를 덧붙여서 할당문 좌측에 사용하면 연결된 변수를 수정하는 결과를 가져온다. 즉, ch='B'와 *pch='B'는 동일한 기능을 한다. 전자는 직접 접근을 하는 것이고 후자는 간접 접근을 하는 것이다.

```c
#include<stdio.h>
void main(void)
{
   char ch='A', *pch;
   double dnum=3.14, *pdnum;
   pch=&ch;
   pdnum=&dnum;
   *pch='B';  // pch가 가리키는 변수에 B를 넣어라
   *pdnum=5.4;  // pdnum이 가리키는 변수에 5.4를 넣어라
   printf("%c\n", ch);
   printf("%f", dnum);
}
```

B
5.400000

메모리의 변화를 살펴보면 포인터 변수의 값은 그대로이고 ch와 dnum만 변경되었다.

	0x0000	0x0004	0x0008	0x000c	0x0010
x0000		ch B		dnum 5.4	
	• pch 0x00000004		pdnum • 0x0000000c		

4. ▨ 비교

다음은 포인터 변수와 일반 변수를 비교한 것이다. 포인터 변수는 선언 → 연결 → 사용
의 세 단계로서 무엇을 가리킬지를 정해주는 연결 단계가 더 필요하다.

절차		포인터 변수	일반 변수	메모리
선언		char *pch;	char ch;	
연결		pch=&ch;		
사용	쓰기	*pch='B';	ch='B';	
	읽기	printf("%c", *pch);	printf("%c",ch);	

메모리

	0x0000	0x0004
x0000		ch B
	• pch 0x00000004	

💣 주의사항

1. 다음 소스는 선언 후 연결 없이 바로 사용하여 오류가 난 경우이다.

```
int *pnum ;
*pnum = 10 ;  /*  여기서 pnum는 어느 것도 가리키고 있지 않음 */
=>
int *pnum, num;
pnum=&num; // 연결 단계
*pnum=10 ;
```

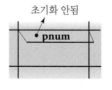

초기화 안됨
• pnum

의도적으로 아무것도 가리키지 않도록 값을 넣고 싶으면 대문자 NULL이라고 넣으면 되고 이를 널 포인터라고 부른다. 실제로는 0을 가지므로 조건문에서 사용하면 거짓에 해당된다.

pnum=NULL;

2. 중요한 두 가지 기호인 &(주소연산자), *(간접연산자)를 배웠는데, 이 둘은 상대적인 의미를 갖는다. *는 포인터 변수 앞에만 사용 가능하고, &는 모든 변수 앞에 사용 가능하다(모든 변수는 주소가 있으므로).

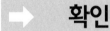

확인

포인터는 다른 내용에 비해 좀 더 복잡하고 어려운 편이다. 반복적으로 생각하면서 메모리를 직접 그려보는 것이 필요하다. 다음은 문제를 작은 단위로 나누어 순서대로 코딩하기 좋게 하였다.

1. **포인터와 주소**

➕ 정수 변수 num1, num2 선언한다.

➕ 정수 포인터 변수 p 선언한다.

➕ num1에 3000을 넣는다.

➕ num1의 주소를 p에 넣는다.

➕ p가 가리키는 값을 num2에 넣는다.

➕ num1, num2, p를 출력한다.

➕ num1 주소, num2 주소, p 주소를 출력한다.

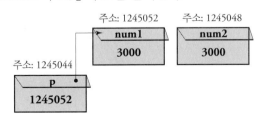

```
#include<stdio.h>
void main(void)
{
    int num1,num2,*p;
    num1=3000;
    p=&num1;
    num2=*p;
    printf("num1=%d num2=%d p=%d\n",num1,num2,p);
    printf("num1주소=%d num2주소=%d p주소=%d\n",&num1,&num2,&p);
}
```

➜ **실행결과**

num1=3000 num2=3000 p=1245052
num1주소=1245052 num2주소=1245048 p주소=1245044

여기서 주소의 값 자체는 의미가 없고, 서로 같은지 다른지만 살펴보면 된다(주소값은 여러분의 실행결과와 다름). 첫째 num1의 주소와 p가 같다는 것, 둘째 num2와 num1 이 같다는 것, 셋째 p도 주소가 있다는 것을 알 수 있다. 이 시점에서 한 번 더 포인터 개념을 머릿속에 정리해보자.

핵 / 심 / 정 / 리 /

```
char ch='A', *pch;
pch=&ch;
*pch='B';
printf("%c %c \n", ch, *pch);
```

> ◆ **코드설명**
>
> 선언: pch는 문자형을 가리키는 포인터
> 연결: pch가 실제로 문자형 변수인 ch를 가리키게 함
> 쓰기 사용: pch가 가리키는 곳에 'B'를 쓰기(ch에 'B'가 쓰여짐)
> 읽기 사용: ch를 이용해 또는 pch를 이용해 읽기. 둘은 같은 내용을 읽어옴

➡ 문제

1. 다음 소스에서 오류를 찾아 수정하여라.

```
#include <stdio.h>
void main(void)
{ int a;
  float *pa;
  pa=&a;
  scanf("%d",&a);        //*
  a=a+10;                //*
  printf("%d",a);
}
```

2. 1번의 수정된 소스에서 a의 값을 수정하는 다음 두 가지 명령문을 포인터 변수 pa를 이용하도록 수정하여라(//* 표시).

```
scanf("%d",&a);
a=a+10;
```

포인터 인수

개념

함수 인수가 포인터 변수라면 어떨까? 즉, 인수로 값을 넘기는 것이 아니라 주소를 넘기는 것이다. 함수 선언부에서 형식 인수를 포인터 선언해 주어야 하고, 함수 호출 시 실인수는 포인터이어야 하므로 첫째, 포인터 선언된 변수를 넘겨주거나 둘째, 일반 변수의 주소를 넘겨주어야 한다. 아래의 경우, 호출하는 순간 p=&i에 해당하는 연결이 발생하여 p가 가리키는 변수가 i가 된다. sample() 함수에서 p가 가리키는 i에 10을 넣게 되어 메인에서 i를 출력하면 10으로 변경된 것을 알 수 있다. 포인터 변수를 인수로 함수를 호출하는 것을 '**주소에 의한 호출**(call-by-reference)'이라 하고, 일반 변수를 인수로 함수를 호출하는 것을 '**값에 의한 호출**(call-by-value)'이라 한다.

```
void sample(int *p);
void main(void)
{
    int i = 5;
    sample(&i);                → 주소를 인수로 넘김
}
void sample(int *p)            → 인수의 포인터 선언
{
    *p = 10;                   → 실제로 i를 변화시킴
}
```

두 개의 함수 scanf()와 printf()를 생각해 보자. 출력 시는 ch의 값을 넘겨주는 것이 끝이므로 일반 변수 인수이고, 입력 시는 ch로 입력된 값을 받아와야 하므로 포인터 변수 인수인 것이다. 따라서 입력 시에만 변수 앞에 주소지정자 &를 적어서 주소를 넘겨준 것이다.

```
printf("%d",ch);
scanf("%c",&ch);
```

포인터 인수는 호출된 함수에서 실시간으로 호출한 함수의 실인수를 접근할 수 있기 때문에 전역변수를 사용하는 것과 유사한 효과를 얻게 된다.

확인

두 가지 소스를 비교하면서 포인터 인수의 개념을 확인하자. 실행 단계별로 메모리 변화의 차이를 알 수 있다.

값에 의한 호출	주소에 의한 호출

<pre>#include <stdio.h>
void setI(int j);
void main(void)
{
  int i=0;
  setI(i);
  printf("i=%d \n", i);
}
void setI(int j)
{
  j = 20;
}</pre>
	<pre>#include <stdio.h>
	void setI(int *j);
	void main(void)
	{
	  int i=0;
	  setI(&i);
	  printf("i=%d \n", i);
	}
	void setI(int *j)
	{
	  *j = 20;
	}</pre>

◆ 실행결과

i=0

◆ 실행결과

i=20

1단계: setI() 부르기 전에 main과 setI는 각각의 메모리 영역에 변수를 갖는다.

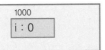

1단계: setI() 부르기 전에 main과 setI는 각각의 메모리 영역에 변수를 갖는다.

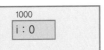

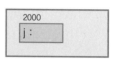

2단계: setI( ) 부르는 시점에 main에서 인수 i
의 값 0을 setI의 인수 j에게 복사시킨다.

2단계: setI( ) 부르는 시점에 main에서 인수 i
의 주소를 setI의 인수 j에게 복사시킨다.
결국 j가 i를 가리키게 된다. j=&i의 연
결이 이루어진다.

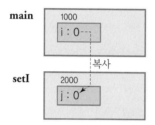

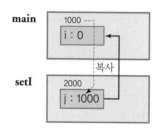

3단계: setI( )가 실행되면서 j값이 20으로 변
경된다.

3단계: setI( )가 실행되면서 j가 가리키는 변수
인 main 함수 내 i값이 20으로 변경된다.

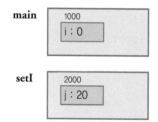

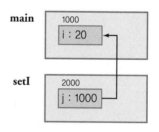

4단계: setI( )가 종료된 후 setI( )의 영역은
사라지고, main 함수 내 i의 값은 변함이
없다.

4단계: setI( )가 종료된 후 setI( )의 영역은
사라지고, main 함수 내 i의 값은 20으로
변경되어 있다.

핵 / 심 / 정 / 리 /

```
void main(void)
{
   int i = 5;
   sample(&i);              → 주소를 인수로 넘김
}
void sample(int *p)        → 인수의 포인터 선언
{
   *p = 10;                 → 실제로 i를 변화시킴
}
```

문제

1. 다음 소스는 '값에 의한 호출' 이다. 두 개의 형식 인수 a, b를 포인터로 바꾸어서 '주소에 의한 호출' 로 수정하고 실행결과를 확인하여라.

```
#include <stdio.h>
void func(int a, int b);
void main(void)
{ int x=20, y=30;
  func(x,y);
  printf("main : %d\n",x+y);
}
void func(int a, int b)
{ a=a+10;
  b=b+10;
  printf("func : %d\n",a+b);
}
```

➜ 실행결과

func :70

main :50

2. 두 개의 정수를 인수로 받아서 서로 바꾸는 swap()함수를 작성하여라.

```
#include <stdio.h>
void swap(int *x, int *y);
void main()
{
   int i=5, j=6;
   printf("swap함수 호출 전 : i=%d, j=%d \n", i, j);
   swap(&i, &j);
   printf("swap함수 호출 후 : i=%d, j=%d \n", i, j);
}
void swap(int *x, int *y)
{



}
```

➜ 실행결과

swap함수 호출 전 : i=5, j=6
swap함수 호출 후 : i=6, j=5

포인터와 배열

개념

배열은 내부적으로 포인터의 속성을 갖고 있어서 포인터 변수처럼 사용할 수 있다. 아래에서 첨자 없는 ename은 문자열의 시작 주소를 갖고 있다. 즉, ename과 ename[0]은 같은 곳을 의미한다. 또한 ename에 간접연산자를 사용한 *ename도 문자열의 시작주소를 갖는다. 결과적으로 ename은 첨자를 이용한 배열 사용과 간접연산자를 이용한 포인터 사용이 모두 가능하다.

```
#include<stdio.h>
void main(void)
{
    char ename[8]="John";
    printf("%c %c",ename[0],*ename);
}
```

➔ 실행결과

J J

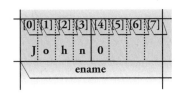

1. 선언과 연결

다음과 같이 문자열과 문자 포인터를 함께 선언하자.

```
char  ename[8]="John";
char  *pename;
```

pename이 문자 포인터이므로 ename을 가리킬 수 있다. 1장에서는 정수형이나 실수형 변수 앞에 주소연산자 &를 써서 연결하였는데, 이 경우는 ename이 배열이므로 이미 시작 주소를 갖고 있어서 주소연산자 &를 사용하지 않아도 된다. 마찬가지로 pename은 ename과 연결된 것이다.

```
pename=ename;
```

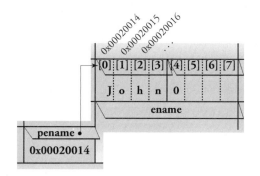

아래와 같이 배열을 선언하지 않고, 문자 상수열("John"처럼 문자를 나열한 것)을 직접 연결시키는 것도 가능하다. 시스템 내부에서 상수열 ("John")을 위해 별도의 메모리를 확보한 후, 그 시작 주소를 pename에 넣어주어 연결시킨 것이다. 마찬가지로 pename을 이용해 문자열을 읽으면 되는데, pename이 변화되어 연결이 해제되면 다시 접근할 수 없다(상수의 특징).

```
char  *pename="John";  //  선언과 연결 동시에
```

또는

```
char  *pename;
pename="John";  //  선언하고 연결하기
```

2. 사용

6부 1장의 포인터 정의에서 설명한 사용법처럼 간접연산자 *를 변수 앞에 붙여서 연결된 변수를 읽거나 쓰는 원리는 동일하다. 그런데 배열과 연결된 경우는 포인터 변수가 배열의 시작주소를 갖게 되므로, 그 주소를 증가시키면서 배열 각각의 데이터를 가리키게 할 수 있다.

```
char ename[8]="John";
char *pename;
pename=ename;
```

위와 같이 pename과 ename이 연결된 상태에서 첨자를 이용한 ename[0]과 간접연산자를 이용한 *pename이 같으면, 한 칸씩 이동한 것도 같다. pename이 0x00020014를 가지고 있고 여기에 1을 더해서 0x00020015가 되면 그 주소가 가리키는 곳은 ename[1]에 해당하는 'o'이다. 결과적으로 다음과 같은 규칙을 찾을 수 있다.

ename[i]=*(pename+i) (i는 첨자범위에 있음)

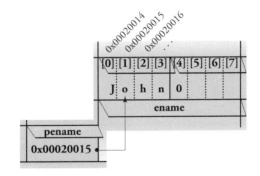

다음 소스를 살펴보면 두 가지 접근에 대해 알 수 있다. 문자를 출력할 때는 %c와 함께 간접연산자 *을 사용하고, 문자열을 출력할 경우는 %s를 사용하고 간접연산자 *을 사용하지 않는다.

```
#include <stdio.h>
void main(void)
{
  char ename[8]="John";
  char *pename;
  pename = ename;
  printf("%c\n", *pename);
  printf("%c\n", *(pename+3));    (1)
  printf("%s\n", pename+1);       (2)
}
```

➡ **실행결과**

```
J
n                                          (1)
ohn                                        (2)
```

(1) pename은 문자열 시작주소를 갖는데 3을 더하니까 'n'을 가리키게 된다. "%c"와 함께 'n'을 출력한다. *와 + 중에 *가 더 높은 우선순위를 가지므로 반드시 괄호를 사용해야 한다.

(2) pename은 문자열 시작주소를 갖는데 1을 더하니까 'o'를 가리키게 된다. 그런데 %s와 함께 시작위치인 'o'부터 읽어서 문자열 "ohn"을 출력한다.

3. 포인터 연산

포인터가 배열과 연결된 경우에는 주소의 연산을 통해 가리키는 위치를 변경시켜가며 접근할 수 있다. 그러나 주소는 부호 없는 정수이므로 가능한 연산은 정수의 덧셈과 뺄셈뿐이다. 이제부터 포인터 연산이 내부적으로 어떻게 실행되는지를 살펴본다.

```
#include<stdio.h>
void main(void)
{
  int p[3]={10,20,30};
  char q[3]={'a','b','c'};
  printf("%d..%d..%d\n",p,p+2,*(p+2));
  printf("%d..%d..%c",q,q+2,*(q+2));
}
```

◆ 실행결과

1245044..1245052..30
1245040..1245042..c

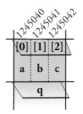

포인터 연산은 일반적인 연산과 달리 절대값이 아닌 상대값이 증가하는 셈이다. p는 두 개의 정수 크기인 8이(정수 한 개는 4바이트) 증가하고, q는 두 개의 문자 크기인 2가(문자 한 개는 1바이트) 증가한 것이다. 그러나 배열 p와 q에 있어서 p[2]와 q[2]는 동일하게 2번째에 해당한다. 포인터 연산은 주소를 직접 이용하는 경우가 아니라면 코딩과 직접적인 관계가 없지만 포인터의 개념을 이해하는 데 도움을 준다.

4. **비교**

배열이 내부적으로 포인터 속성을 갖고 있어서, 둘은 유사한 점이 많지만 차이점도 있음을 다음 표를 통해 확인해 보자.

```
char str[10];
char *p;
```

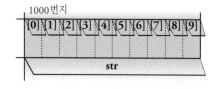

차이1: 배열은 가리킬 크기만큼의 영역(10칸)을 확보하고 포인터는 주소 영역만 확보한다.

차이2: 배열은 확보된 영역의 시작 주소를 str이 갖도록 선언과 동시에 연결해 주지만, 포인터는 별도로 연결해야 한다.

포인터 p와 str을 연결하고 나면, 예를 들어 str[2]와 *(p+2)는 같은 곳을 가리킨다.

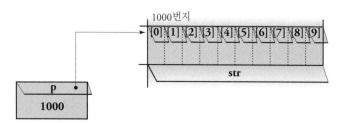

차이3: 배열은 연결된 시작 주소를 변경할 수 없고, 포인터는 변경할 수 있다.

```
printf ("%c", *str++);
printf ("%c", *p++);
```

두 문장 중에 첫 줄은 str을 변경하려고 하므로 오류이다.

확인

다음은 문제를 작은 단위로 나누어 순서대로 코딩하기 좋게 하였다.

1. 포인터 연산

✚ 정수포인터 p1과 문자 포인터 p2를 선언한다.

✚ p1과 p2에 임의의 주소값 1000과 2000을 넣는다.

✚ p1과 p2를 1씩 증가시킨다.

✚ p1과 p2를 출력한다.

```
#include<stdio.h>
void main(void)
{
  int *p1;
  char *p2;
  p1=1000;
  p2=2000;
  p1++;
  p2++;
  printf("p1=>%d p2=>%d ₩n",p1,p2);
}
```

➡ 실행결과

p1=>1004
p2=>2001

p1에 주소를 넣어야 한다고 해서 &1000을 하면 안 된다(&는 변수 앞에만 사용함). p2는 문자 포인터니까 %c를 이용해 출력해서도 안 된다. 여기서는 가리키는 것이 아닌 주소 자체를 출력한 것이다. 즉, *p2가 문자이고 p2는 주소로서 숫자이다. 컴파일하면 경고(warning)가 나올 텐데 존재하지 않는 주소를 넣은 것 때문이다(여기서는 단지 증가되는 것을 보기 위함이니까 이런 경고는 무시해도 됨). 포인터 연산의 원리대로 정수 포인터는 4가 증가하고, 문자 포인터는 1이 증가함을 알 수 있다.

2. **포인터와 문자열**

+ 문자 포인터 p를 선언한다.

+ p에 "happy"를 넣는다.

+ p를 이용하여 한 줄에 한 글자씩 내려쓰기를 한다(반복문).

```
#include<stdio.h>
void main(void)
{
  char *p;
  p="happy";
  while (*p)
  printf("%c\n",*p++);
}
```

➜ 실행결과

```
h
a
p
p
y
```

p에 "happy"를 넣을 때 *p="happy"가 아니다. *p는 문자를 넣는 것이고, p는 문자열의 시작 주소를 넣는 것이다. 반복하여 한 문자씩 처리할 때 종료조건으로 문자열 끝문자(0)를 검사하면 된다(*p가 0이면 거짓임). *p++에서 *이 ++보다 우선순위가 높으므로 먼저 처리되어 p가 가리키는 것을 출력한 후 p를 1 증가시킨다. 문자열을 모두 출력하고 나면 p의 값이 변경되어 있으므로 p를 이용해 다시 "happy"를 출력할 수 없다.

3. **포인터와 숫자열**

+ 정수 5개 배열 data[5]를 선언(초기화 포함)한다.

+ 정수 포인터 p를 선언한다.

+ p가 배열 data를 가리키게 한다.

+ p를 이용해서 배열 5개를 출력(반복문 사용)한다.

```
#include<stdio.h>
void main(void)
{
  int data[5]={10,20,30,40,50};
  int i, *p;
  p=data;
  for(i=0;i<5;i++)
    printf("data[%d]=%d ₩n",i,*(p+i));
}
```

➜ 실행결과

data[0]=10
data[1]=20
data[2]=30
data[3]=40
data[4]=50

*(p+i) 대신 *p++를 해도 같은 결과가 나오지만, 전자는 p를 읽기만 하는 것이고 후자는 p를 읽어서 1증가한 것을 다시 쓰는 것이므로 내부적으로는 다르다(p+1과 p++이 다른 것과 같은 원리이다. p++은 p=p+1임을 상기하자). 후자처럼 p가 변하게 되면 p=data로 다시 시작주소를 넣어주어야 처음부터 접근할 수 있다.

핵 / 심 / 정 / 리 /

```
char ename[8]="John";
int score[3]={80,75,98};

printf("%c %c",ename[1],*(ename+1));
printf("%d %d",score[1],*(score+1));
```

> **◆ 코드설명**
>
> 첨자 없는 배열은 시작 주소를 가지고 있어서 포인터와 동일하게 사용할 수 있다.
> ename[1]과 시작주소에 1을 더하여 가리키는 *(ename+1)은 같은 것이다.
> 배열의 첨자와 포인터의 연산은 다음과 같이 **시작점에서부터 얼마나 떨어져 있는가를**
> **상대적으로 표현한 것**이라는 의미에서 동일하다.
>
> ename[i]=*(ename+i)
> score[i]=*(score+i)

문제

1. 다음은 문자열을 복사하여 출력하는 소스이다(strcpy()를 사용하지 않고 직접 문자단
위로 복사함). 다음과 같은 단계로 배열 대신 포인터를 사용하도록 수정하여라.

+ str[10]을 포인터 선언으로 변환

+ s를 연결하여 사용할 포인터 ds 선언

+ s[i]=str[i]을 포인터 변수 ds와 str로 변환

```c
#include <stdio.h>
#include <string.h>
main(void)
{
  char str[10]="hello", s[10];
  int i=0;
  while (s[i] = str[i]) i++;
  printf("%s\n",s);
}
```

> ➜ **실행결과**
>
> hello

> ➜ **코드설명**
>
> while (s[i]=str[i])는 s[i]에 str[i]를 넣어주고, 그 값이 참인지를 묻는 것으로서 명령문과 조건문이 합성된 경우이다. 끝 문자 0을 할당한 후 거짓이 되어 반복을 종료한다.

2. 다음과 같이 배열과 배열크기를 인수로 받아서 출력하는 print_num() 함수를 작성하여라.

```c
#include <stdio.h>
void print_num(int *p, int count);
void main(void)
{
  int num[5]= {1,2,3,4,5};
  print_num(num,5);
}
void print_num(int *p, int count)
{



}
```

> ➜ **실행결과**
>
> 1
> 2
> 3
> 4
> 5

구조체 포인터

개념

구조체 포인터란 구조체를 가리키는 변수이다. 구조체 포인터는 포인터 선언할 때 앞에 적는 자료형이 기존의 정수나 실수가 아닌 구조체로 바뀐 것뿐인데 왜 별도의 설명이 필요할까? 자세한 이유는 뒤에 나온다.

1. 구조체 포인터 선언

아래와 같이 정수가 정수 포인터로 변환되듯이 구조체가 구조체 포인터로 변환되는 방식은 동일하다.

	일반 변수	포인터 변수
정수	int a;	int *a;
구조체	struct person_type { 　　　char name[8]; 　　　int age; } p_person;	struct person_type { 　　　char name[8]; 　　　int age; } *p_person;

2. 구조체 포인터 사용

정수 포인터에 다른 정수 변수의 주소를 넣어 연결하듯이, **p_person**에 다른 구조체 변수의 주소를 넣어 연결하였다고 가정하자. 이제 간접연산자 *을 사용하여 가리키는 변수를 접근하면 된다. 그런데 구조체를 가리키는 경우는 그 구조체의 멤버를 접근하므로 다음과 같이 멤버연산자와 멤버명이 이어서 나오면 된다. (간접연산자는 변수 앞이고 멤버연산자는 변수 뒤인 것이 참 다행 아닌가?) **p_person**이 가리키는 구조체의 멤버 **name**에 입력받는다는 뜻이다.

```
scanf("%s", *p_person.name);
```

그런데 p_person의 앞뒤에 **간접연산자 ***과 **멤버연산자 .** 이 붙어서 두 가지 중 어느 것이 우선순위가 높은가에 따라 다른 결과가 나온다. 규칙에 의하면 **멤버연산자 .** 의 우선순위가 더 높기 때문에 위와 같이 사용하면 'p_person 구조체의 name이 가리키는 것'으로 처리된다. 이를 방지하려면 괄호를 넣어서 (*p_person).name이어야 한다. 여기서 (와 *과)와 . 의 4개 문자 사용을 간편히 하기 위해 **구조체 포인터의 멤버연산자 ->**가 등장한다. 동일한 의미로서 코딩은 훨씬 간결해진다.

```
(*p_person).name
=>
p_person->name  (구조체 포인터 변수->구조체 멤버)
```

(이 시점에서 왜 구조체 포인터가 한 장을 차지하는지 이해할 수 있을 것이다)

다음은 구조체 포인터를 이용하여 이름과 나이를 입력받고 출력하는 예이다. p_serson이 구조체 포인터이므로 멤버를 접근할 때 구조체 포인터만의 멤버연산자인 ->를 사용하였다. p_serson이 person과 연결되었으므로 p_person->name 대신 person.name을 넣어도 결과는 동일하다. person은 . 을 p_person은 ->를 사용함을 주의 깊게 살펴보자.

```
struct person_type { char name[8];
                     int age; };
#include<stdio.h>
void main(void)
{
  struct person_type person, *p_person;
  p_person = &person;
  scanf("%s", p_person->name);
  scanf("%d", &p_person->age);
  printf("이름 %s 나이 %d입니다.", p_person->name, p_person->age);
}
```

> **◆ 실행결과**
>
> *John*
> *45*
> 이름 John 나이 45입니다.

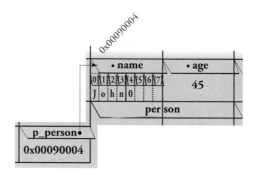

p_person이 구조체 person의 시작주소를 갖는다. 가리키는 곳이 일반 변수가 아닌 구조체 변수라는 것만 차이가 있다.

다음은 일반 변수와 구조체 변수의 포인터 변환을 비교한 것이다. 이러한 비교를 통해 다른 자료형 간에 연관성을 찾는다면 이해하기 쉬울 것이라 본다.

절차	문자 포인터 변수	구조체 포인터 변수	구조체 변수
선언	char ch, *pch;	struct person_type { 　　char name[8]; 　　int age;} person, *p_person;	struct person_type { 　　char name[8]; 　　int age;} person;
연결	pch=&ch;	p_person=&person;	
사용	*pch='B'; printf("%c", *pch);	p_person->age=35; printf("%d",p_person->age);	person.age=35; printf("%d",person.age);

3. 구조체 포인터 인수

2장 포인터 인수와 같은 원리이고, 일반 포인터가 구조체 포인터로 변경될 뿐이다. 함수 선언부에서 형식 인수를 구조체 포인터 선언해 주어야 하고, 함수 호출 시 실인수는 구조체 포인터이어야 하므로 첫째, 구조체 포인터로 선언된 변수를 넘겨주거나 둘째, 구조체의 주소를 넘겨주어야 한다.

다음의 경우 호출 순간 ps=&s에 해당하는 연결이 발생하여 ps가 가리키는 변수가 s가 된다. sample()에서 ps가 가르치는 s의 멤버 a에 10을 넣어 메인에서 s의 멤버 a를 출력하면 10으로 변경된 것을 알 수 있다. sample()에서 인수의 멤버를 접근하려면 구조체 포인터의 멤버연산자 ->를 사용해야 한다.

```c
void sample (struct s_type *ps);
void main(void)
{
  struct s_type s;
  sample (&s) ;
}
void sample (struct s_type *ps)
{
  ps->a = 10 ;
}
```

다음의 코드는 구조체 인수를 구조체 포인터 인수로 변경한 것이다. setP()에서 man->age로 변경되는 것을 주의 깊게 살펴보자.

값에 의한 호출

```c
#include <stdio.h>
struct person_type { char name[8];
                     int age; };
void main(void)
```

```
{ void setP(struct person_type man);
  struct person_type person={"길동", 23};
  setP(person);
  printf("이름 %s 나이 %d입니다.",person.name, person.age);
}
void setP(struct person_type man)
{
  man.age = 20;
}
```

➔ 실행결과

이름 길동 나이 23입니다.

➔ 코드설명

나이가 변경되지 않았음

주소에 의한 호출

```
#include <stdio.h>
struct person_type { char name[8];
                     int age; };
void setP(struct person_type *man);
void main(void)
{ struct person_type person={"길동",23};
  setP(&person);
  printf("이름 %s 나이 %d입니다.", person.name, person.age);
}
void setP(struct person_type *man)
{
  man->age = 20;
}
```

→ **실행결과**

이름 길동 나이 20입니다.

→ **코드설명**

나이가 변경되었음(이탤릭 글자가 소스 중 차이 나는 부분임)

핵 / 심 / 정 / 리 /

```
struct person_type {
        char name[8];
        int age;}  person={"John",45}, *p_person;
p_person=&person;
printf("%s %d", p_person->name, p_person->age);
printf("%s %d", person.name, person.age);
```

→ **코드설명**

->는 구조체 포인터 변수가 멤버를 접근할 때 사용하고 .은 구조체 변수가 멤버를
접근할 때 사용함.
p_person과 person은 연결되어 두 개의 출력문은 동일한 의미임

→ # 확인

구조체 포인터와 구조체 포인터 배열의 개념을 정리하기 위해 두가지 예제를 살펴본다. 각각의
소스 뒤에 덧붙인 디버깅표를 참고하길 바란다('Part5 구조체' 에서 나온 문제를 확장한 것임).

1. 펜 세 개, 지우개 한 개의 선물세트 구조체와 구조체 포인터가 있다면, 포인터를 이용해서 입력받고 출력하여라.

➕ pen[3], eraser를 묶는 구조체 set, *sep_p 선언

➕ set_p가 set을 가리키게 함

➕ set_p->pen[] 세 개 입력

➕ set_p->eraser 입력

➕ set_p->pen[] 세 개 출력

➕ set_p->eraser 출력

```c
#include<stdio.h>
void main(void)
{ struct set_type {int pen[3];
                   int eraser; } set, *set_p;
  int i;
  set_p=&set;
1 for (i=0;i<3;i++)
2   scanf("%d",&set_p->pen[i]);
3 scanf("%d",&set_p->eraser);
4 for (i=0;i<3;i++)
5   printf("pen: %d \n",set_p->pen[i]);
6 printf("eraser: %d \n",set_p->eraser);
}
```

| step | 입력 | set_p | set: 0x0012ff70 | | | | i | 출력 |
| | | | pen | | | eraser | | |
			[0]	[1]	[2]			
2-0	300	0x0012ff70	300				0	
2-1	400	0x0012ff70	300	400			1	
2-2	500	0x0012ff70	300	400	500		2	
3	50	0x0012ff70	300	400	500	50	3	
5-0		0x0012ff70	300	400	500	50	0	pen : 300
5-1		0x0012ff70	300	400	500	50	1	pen : 400
5-2		0x0012ff70	300	400	500	50	2	pen : 500
6		0x0012ff70	300	400	500	50	3	eraser : 50

2. 펜 세 개, 지우개 한 개의 선물세트 두 개의 구조체 배열과 구조체 포인터가 있다면, 포인터를 이용해서 입력받고 출력하여라.

✚ pen[3], eraser를 묶는 구조체 set[2], *sep_p 선언

✚ set_p가 set을 가리키게 함

✚ set_p 두 개 입력(set_p->pen[] 세 개 입력, set_p->eraser 입력)

✚ set이 배열이므로 set_p 이동 필수

✚ set_p 두 개 출력(set_p->pen[] 세 개 출력, set_p->eraser 출력)

✚ set이 배열이니까 set_p 이동 필수

```
#include<stdio.h>
void main(void)
{  struct set_type {int pen[3];
                    int eraser; } set[2], *set_p;
   int i,j;
1  set_p=set;
2  for (i=0;i<2;i++)
3  { for (j=0;j<3;j++)
```

```
4        scanf("%d",&set_p->pen[i]);
5     scanf("%d",&set_p->eraser);
6     set_p++;
7  }
8  set_p=set;
9  for (i=0;i<2;i++)
10 { for (j=0;j<3;j++)
11       printf("set[%d]pen[%d]:%d\n",i,j,set_p->pen[j]);
12    printf("set[%d]eraser[%d]:%d\n",i,j,set_p->eraser);
13    set_p++;
14 }
}
```

step	입력	set_p	set [0]: 0x0012ff60 pen [0]	[1]	[2]	eraser	[1]: 0x0012ff70 pen [0]	[1]	[2]	eraser	i	j	출력
1		0x0012ff60											
4-0	300	0x0012ff60	300								0	0	
4-1	400	0x0012ff60	300	400							0	1	
4-2	500	0x0012ff60	300	400	500						0	2	
5	50	0x0012ff60	300	400	500	50					0	3	
6		0x0012ff70	300	400	500	50					0	3	
4-0	800	0x0012ff70	300	400	500	50	800				1	0	
4-1	900	0x0012ff70	300	400	500	50	800	900			1	1	
4-2	600	0x0012ff70	300	400	500	50	800	900	600		1	2	
5	100	0x0012ff70	300	400	500	50	800	900	600	100	1	3	
6		0x0012ff80	300	400	500	50	800	900	600	100	1	3	
8		0x0012ff60	300	400	500	50	800	900	600	100	2	3	
11-0		0x0012ff60	300	400	500	50	800	900	600	100	0	0	300
11-1		0x0012ff60	300	400	500	50	800	900	600	100	0	1	400
11-2		0x0012ff60	300	400	500	50	800	900	600	100	0	2	500
12		0x0012ff60	300	400	500	50	800	900	600	100	0	3	50
13		0x0012ff70	300	400	500	50	800	900	600	100	0	3	
11-0		0x0012ff70	300	400	500	50	800	900	600	100	1	0	800
11-1		0x0012ff70	300	400	500	50	800	900	600	100	1	1	900
11-2		0x0012ff70	300	400	500	50	800	900	600	100	1	2	600
12		0x0012ff70	300	400	500	50	800	900	600	100	1	3	100
13		0x0012ff80	300	400	500	50	800	900	600	100	1	3	
14		0x0012ff80	300	400	500	50	800	900	600	100	2	3	

※ 출력은 지면제약으로 변수값만 적었음.

문제

1. 다음 소스에서 today 구조체를 가리키는 포인터 변수 day_p를 추가하여 day_p를 이용해서 입력받고 출력하도록 수정하여라.

```
#include<stdio.h>
struct date_type { int year;
                   int month;
                   int day; };
void main(void)
{ struct date_type today;
  scanf("%d%d%d",&today.year,&today.month,&today.day);
  printf("%d %d %d \n",today.year,today.month,today.day);
}
```

→ **실행결과**

1999 12 1
1999 12 1

2. 다음 소스에서 today[] 구조체를 가리키는 포인터 변수 day_p를 추가하여 day_p를 이용해서 반복적으로 입력받고 출력하도록 수정하여라.

```
#include<stdio.h>
struct date_type { int year;
                   int month;
                   int day; };
void main(void)
{ struct date_type today[2];
  int i;
  for (i=0;i<2;i++)
    scanf("%d%d%d",&today[i].year,&today[i].month,&today[i].day);
```

```
    for (i=0;i<2;i++)
        printf("%d %d %d \n",today[i].year,today[i].month,today[i].day);
}
```

> **실행결과**

```
1999 12 1
2000 12 3
1999 12 1
2000 12 3
```

3. 다음 소스는 구조체를 인수로 사용하는 함수 호출의 예이다. 인수를 구조체 포인터로 수정
하여라.

```
#include<stdio.h>
struct date_type { int year;
                   int month;
                   int day; };
void main(void)
{ void setD(struct date_type date);
  struct date_type today={2006,11,7};
  setD(today);
  printf("%d %d %d \n",today.year,today.month,today.day);
}
void setD(struct date_type date)
{
  date.year=2000;
  date.month=11;
  date.day=23;
}
```

> **실행결과**

```
2006 11 7
```

문자 포인터 배열

개념

아래 표를 보면 문자열을 가리키는 포인터는 문자열 상수와 직접 연결하여 별도의 문자열 변수가 없어도 되지만, 숫자열을 가리키는 포인터는 별도의 숫자열이(nums[3]) 있고 그 주소를 넣어 연결해야 한다. 앞서 배열에서 숫자열과 문자열의 차이점을 보았는데, 이것도 문자열의 특징이라 볼 수 있다.

문자열 포인터	숫자열 포인터
char *pnames="John";	int *pnums, nums[3]={10,20,30};
	pnums=nums;

1. 문자포인터 1차원 배열

포인터 하나는 1차원 배열과 대등한 역할을 하여 하나의 문자포인터는 하나의 문자열을 가리킬 수 있다. 만약 '여러 개의 문자열을 가리키고 싶다면' 문자 포인터의 배열을 사용하면 된다. 일반 변수가 배열로 변하는 과정처럼 문자포인터 변수 뒤에 [ ]를 추가하고 초기값도 문자열을 여러 개 나열하면 된다.

```
char *pnames="John"; // char pnames[5]="John";과 같은 기능
==>
char *pnames[3]={"John","Smith","Maria"};
          // char pnames[3][5]={"John","Smith","Maria"};과 같은 기능
```

다음의 소스와 메모리를 살펴보면 pnames는 포인터 배열이고, 각각의 항목은 세 가지 상수열의 시작주소를 갖는다. 한 개의 문자열 단위로 pnames[0]은 "John"을 의미하고, pnames[1]은 "Smith"를 의미한다. 한 글자 단위로는 *pnames[0]

이 'J'를 의미하는데, 이는 pnames[0][0]과 같은 의미이다. 출력에서 %s는 문자열 전체, %c는 한 문자를 의미하므로 각각 맞추어 사용해야 한다.

```
#include<stdio.h>
void main(void)
{
   char *pnames[3]={"John","Smith","Maria"};
   printf("%s %c",pnames[0],*(pnames[0]+1));
}
```

➜ **실행결과**

John o

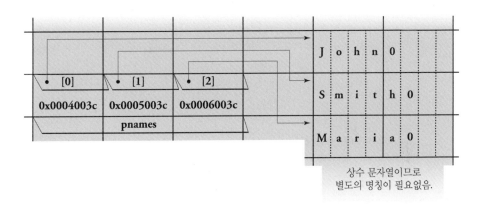

상수 문자열이므로
별도의 명칭이 필요없음.

2. 　문자포인터 2차원 배열

문자포인터 배열의 차원을 한 개 추가하려면 배열 이름 뒤에 [ ]를 추가한다. 문자열들을 몇 개씩 묶을 것인가를 두 번째 [ ] 안에 명시한다. 그러면 name[0][1]이 "Candy"가 되고 name[0][1][0]이 "Candy"의 첫 글자 'C'가 된다. 몇 개씩 묶어서 의미를 갖고자 할 때 유용하다.

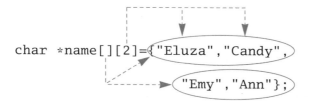

```
char *name[][2]={"Eluza","Candy",
                 "Emy","Ann"};
```

다음은 사과의 이름별로 색을 선언하고 사용자가 사과 이름을 입력하면 배열에서 찾
아서 해당 색을 출력해주는 소스이다.

```c
#include <stdio.h>
#include <string.h>
char *p[][2] = { "Red Delicious", "red",
                 "Golden Delicious", "yellow",
                 "Winesap", "red",
                 "Gala", "reddish orange",
                 "Lodi", "green",
                 "Mutsu", "yellow",
                 "Cortland", "red",
                 "Jonathan", "red",
                 "", ""}; /* 배열의 끝을 나타내는 널 문자열 */
void main(void)
{
   int i;
   char apple[80];

   printf("enter name of apple: ");
   gets(apple);

   for(i=0; *p[i][0]; i++)
   { if(!strcmp(apple, p[i][0]))
        printf("%s is %s\n", apple, p[i][1]);
   }
}
```

➜ 실행결과

enter name of apple: *Lodi*

Lodi is green

핵 / 심 / 정 / 리 /

```
char ch = 'A';
char *pch = "John";
char *pchs[6]={"John","Smith","Maria","Sera","Kim","Hong"};
char *pchss[3][2]={{"John","Smith"},{"Maria","Sera"},{"Kim","Hong"}};
```

```
char ch = 'A';
char pch[10]="John";
char pchs[6][10]={"John","Smith","Maria","Sera","Kim","Hong"};
char pchss[3][2][10]={{"John","Smith"},{"Maria","Sera"},{"Kim","Hong"}};
```

➜ 코드설명

두 형태는 같은 의미임.

차원을 한 개씩 늘려가면서 [ ]가 늘어나고, 앞 첨자가 묶음의 수를 뒷첨자가 한 묶음 내의 낱개를 의미함.

➡ **문제**

1. 다음은 4개의 이름을 갖는 문자포인터의 배열인데 'E'로 시작하는 이름만 출력하여라(선언할 때 배열 첨자를 비워두어도 초기값이 4개 들어가니까 4로 선언한 것과 동일하다).

```
#include <stdio.h>
void main(void)
{
  char *name[]={"Eluza","Candy","Emy","Ann"};
  int i;
  for (i=0 ;i<4; i++)
  {



  }
}
```

➔ **실행결과**

Eluza
Emy

2. 다음은 사과의 이름별로 색을 선언하고 사용자가 사과 이름을 입력하면 배열에서 찾아서 해당 색을 출력해준다. 다음 결과와 같이 색 외에 맛을 추가하여 함께 출력하도록 수정하여라.

```
#include <stdio.h>
#include <string.h>

char *p[][2] = { "Red Delicious", "red",
                 "Golden Delicious", "yellow",
                 "Winesap", "red",
                 "Gala", "reddish orange",
                 "Lodi", "green",
                 "Mutsu", "yellow",
                 "Cortland", "red",
                 "Jonathan", "red",
```

```
                "", ""}; /* 배열의 끝을 나타내는 널 문자열 */
void main(void)
{
   int i;
   char apple[80];

   printf("enter name of apple: ");
   gets(apple);

   for(i=0; *p[i][0]; i++)
   { if(!strcmp(apple, p[i][0]))
        printf("%s is %s\n", apple, p[i][1]);
   }
}
```

→ 실행결과

enter name of apple: *Lodi*

Lodi is green & mild

종합문제

1. 다음 소스를 실행하여 '1:입력'을 선택하면 오류가 발생한다. 오류의 원인을 설명하여라.

```c
#include <stdio.h>
#include <stdlib.h>
#include <string.h>
struct person { char name[12];
                char tel[14];
                int age; };
void put_person(void);
void get_person(void);
void find_person(void);
struct person *p[50];
int cnt=0;
void main(void)
{ int menu;
  do
  { printf(" Enter Menu : (1:입력 2:출력 3:검색 4:종료)");
    scanf("%d",&menu);
    switch (menu)
    { case 1 : put_person();
               break;
      case 2 : get_person();
               break;
      case 3 : find_person();
               break;
      default : printf("종료\n");
    }
```

```
   }
   while (menu == 1 || menu == 2 || menu == 3);
}
void put_person(void)
{ int i;
   printf("이름, 전화, 나이를 입력하여라 (0:종료)\n");
   for (i=cnt;i<50;i++)
   { fflush(stdin);
     gets(p[i]->name);
     if (p[i]->name[0]=='0') break;
     gets(p[i]->tel);
     scanf("%d",&p[i]->age);
     printf("Next Person ..\n");
   }
   cnt=i;
}
void get_person(void)
{ int i;
   printf("%-12s %-16s %-4s\n","이름", "전화", "나이");
   for (i=0;i<cnt;i++)
     printf("%-12s %-16s %-4d\n",p[i]->name,p[i]->tel,p[i]->age);
}
void find_person(void)
{ int find=0,i;
   char name[12];
   fflush(stdin);
   printf("찾는사람 이름 : ");
   gets(name);
   printf("%-12s %-16s %-4s\n","이름", "전화", "나이");
   for (i=0;i<cnt;i++)
     if(strcmp(name,p[i]->name)==0)

   { printf("%-12s %-16s %-4d\n",p[i]->name,p[i]->tel,p[i]->age);
```

```
           find=1;
           break;
        }
    if (!find)
      printf("일치하는 데이터가 없음\n");
}
```

2. 한글을 영문으로 또는 영문을 한글로 바꾸는 사전 프로그램의 빈칸을 채워라. 단, 사전에는
영어단어, 한글단어, 영어문장의 순서로 데이터가 들어있고, 단어를 찾으면 해당 단어와 영
어문장을 함께 출력한다. 단어가 없으면 Not Found를 출력한다.

```
#include <stdio.h>
#include <string.h>
void main(void)
{ char word[10][3][50]={{"about","대하여","I am thinking about it"},
                        {"zoo","동물원","I want to go to the zoo."},
                        {""}};
  char find[10];
  int i,menu,success;
  printf("1.영한 2.한영 3.종료 \n");
  scanf("%d",&menu);
  while (menu==1 || menu==2)
  { success=0;
    printf("What do you want to find ? ");
    scanf("%s",find);
    if (menu==1)
      for (i=0;_____①_____;i++)
      { if (!strcmp(word[i][0],find))
        { printf("%s %s \n",_____②_____, _____③_____);
          success=1;
          break;
        }
```

```
        }
    else
    for (i=0;_____④_____;i++)
    { if (!strcmp(word[i][1],find))
        { printf(" %s %s ₩n",_____⑤_____, _____⑥_____);
            success=1;
            break;
        }
    }
    if (_____⑦_____)
        printf("Not Found₩n");
    printf("1.영한 2.한영 3.종료 ₩n");
    scanf("%d",&menu);
    }
}
```

➡ 실행결과

1.영한 2.한영 3.종료

1

What do you want to find ? *about*

대하여 I am thinking about it

1.영한 2.한영 3.종료

2

What do you want to find ? *대하여*

about I am thinking about it

1.영한 2.한영 3.종료

1

What do you want to find ? *happy*

Not Found

1.영한 2.한영 3.종료

3

3. 10진수와 2진수를 변환하여 출력하도록 빈칸을 채워라. 십진수는 정수로, 이진수는 문자열로 처리해야 한다.

10진수를 2진수로 변환

$$2^3 \quad 2^2 \quad 2^1 \quad 2^0$$

$$1 \quad 0 \quad 1 \quad 1 \ = \ (1 \times 2^3) + (0 \times 2^2) + (1 \times 2^1) + (1 \times 2^0) = 8 + 2 + 1 = 11$$

2진수를 10진수로 변환

```c
#include <stdio.h>
#include <string.h>
char *dec2bin(char bin[],int dec);
int bin2dec(char bin[]);
void main(void)
{
  int num,menu=1;
  char str[20];

  printf("메뉴를 선택 (1.이진수로 2. 십진수로 3.종료) ");
  scanf("%d",&menu);

  while (menu==1 || menu==2)
  {
    if (menu==1)
    { printf("십진수입력 ? ");
      scanf("%d",&num);
      dec2bin(__①__, __②__);
      printf("이진수변환 --> %s\n",str);
    }
```

```
        else
        { printf("이진수입력 ? ");
          scanf("%s",str);
          printf("십진수변환 --> %d\n",bin2dec(___③___));
        }
        printf("메뉴를 선택 (1.이진수로 2. 십진수로 3.종료) ");
        scanf("%d",&menu);
    }
}
char *dec2bin(char bin[],int dec)
{
    char temp[20]="";
    int i=0,j;
    while (dec>0)
    { bin[i]=dec%2+48;
      dec=_____④_____;
      i++;
    }
    bin[i]=0;
    for(i=0,j=strlen(bin)-1;j>=0;i++,j--)
        temp[i]=bin[j];
    temp[i]=0;
    strcpy(bin,temp);
    return(___⑤___);
}
int bin2dec(char bin[])
{ int i, base=1, dec=0;
    i=strlen(bin)-1;
    while (i>=0)
    { dec=dec+(_____⑥_____)*base;
      base=_____⑦_____;
```

```
        i--;
    }
return(___⑧___);
}
```

> ◆ 실행결과

메뉴를 선택 (1. 이진수로 2.십진수로 3.종료) *1*

십진수입력 ? *23*

이진수변환 --> *10111*

메뉴를 선택 (1.이진수로 2.십진수로 3.종료) *2*

이진수입력 ? *10111*

십진수변환 --> *23*

메뉴를 선택 (1.이진수로 2.십진수로 3.종료) *3*

씽킹 다이어리 C프로그래밍으로 가는 여행

Thinking Diary

Let this book change you
and you can change the world!

"우리는 박사의 제안이 과학보다는 공상과학에 더 가깝다고 솔직히 말하겠습니다."

"공상과학이라... 맞아요, 이건 미친 짓이죠. 사실은, 이건 더 심하죠,
병신 같은 짓이죠. 하지만 당신 진짜 병신 같은 짓이 뭔 줄 알아요?
내가 비행기 같은 걸 만드는 두 놈 얘기를 들었어요. 사람들이 안에 들어가자
그리곤 새처럼 날았어요. 진짜 웃기죠, 안 그래요?! 그리고 음속을 넘는 것,
또 달로 가는 로켓? 원자력 에너지? 또 화성탐사계획? 공상과학, 맞아요.
하지만 봐요. 내가 당신들에게 원하는 건 단지 아주 작은 통찰력이예요.
당신들, 단지 뒤에 앉아서 1분 동안 큰 그림을 보세요. 역사상... 인류에 있어
마침내는 엄청난 충격적인 순간이 되는 기회를 잡을 수 있는 겁니다. 역사상..."

_ 영화 〈컨택〉 중에서

Part 07

파일

파일 정의

CHAPTER 01

키워드

파일

파일(file)[명사] 1.서류철(書類綴). 2.컴퓨터의 기억 장치에 분류하여 저장된 정보의 묶음. 3.데이터베이스에서의, 데이터의 단위인 레코드의 집합.

개념

한글 편집기로 문서를 편집하다가 저장명령을 한 번도 하지 않고 종료하면 그동안 편집한 데이터가 모두 없어진다. 마찬가지로 프로그램이 종료되면 사용하던 메모리를 반납하므로 데이터가 모두 없어진다. 파일은 하드디스크와 같은 기억장치에 저장되는 데이터 집합으로서, 프로그램이 종료되어도 데이터를 보관하여 데이터의 재사용을 가능하게 한다.

파일을 다루는 방법은 네 단계로 나뉜다. **선언**, **열기**, **사용**, **닫기**가 그것이다. 화면 입출력의 경우는 열기, 닫기가 특별히 없었는데 파일의 경우는 왜 필요할까? (표준입력과 표준출력장치도 파일의 일종임) 화면입출력도 열기, 닫기가 필요한데 모든 프로그램이 사용하니까 시스템에서 자동으로 열고 닫아주기 때문에 별도로 명시하지 않았던 것뿐이다.

1. 선언

```
FILE *pf;
```

FILE은 구조체 자료형 이름이다. 이제까지 구조체는 앞에 `struct`를 붙였는데, 파일 구조체는 특수한 경우라고 생각하자. 파일을 다루기 위해서는 FILE 구조체 포인터 변수를 선언한다.

2. **열기**

```
FILE *pf;
pf = fopen("data.txt", "r");
```

fopen() 함수는 첫 번째 인수인 "data.txt" 파일을, 두 번째 인수인 읽기 모드 ("r")로 열어서 그 파일에 대한 포인터를 반환한다. 밑줄 그은 부분이 같은 이름임을 확인하자. 이제부터 파일 포인터 변수 pf를 이용하여 "data.txt"에 접근할 것이다.

"r"은 파일 접근 모드 중 읽기모드에 해당한다(다음의 표 참조).

모드	설명
"r"(read)	– 파일이 미리 존재해야만 한다. – 읽기만이 가능하다. – 파일 내에서의 현재 위치는 맨 처음이다.
"w"(write)	– 파일의 존재여부에 상관없이 새로 생성된다. – 쓰기만이 가능하다.
"a"(append)	– 파일이 이미 존재하면 현재 위치는 맨 끝부분을 가리키고, 파일이 존재하지 않으면 새로 생성된다. – 파일의 맨 끝에 쓰는 것만이 가능하다.
"r+"(read-update)	– 파일이 미리 존재해야만 한다. – 읽기와 쓰기가 가능하다. – 파일의 현재 위치는 맨 처음이다.
"w+"(write-update)	– 파일의 존재 여부에 상관없이 파일이 생성된다. – 읽기와 쓰기가 가능하다.
"a+"(append-update)	– 파일이 이미 존재하면 현재 위치는 맨 끝을 가리키고 파일이 존재하지 않으면 새로 생성된다. – 읽기와 쓰기가 가능하다. – 파일 현재 위치와 상관없이 모든 쓰기는 파일의 끝에서 행해진다.

3. **사용**

파일을 읽거나 파일에 쓰기 위해 파일 입출력 함수가 필요한데, 화면 입출력 함수와 이름이 거의 비슷하다. 단, 파일 입출력 함수의 인수에는 열기에서 반환받은 포인터 pf가 모두 들어있는 것을 주의 깊게 살펴보자.

	화면 입출력		파일 입출력		주의사항
기능	읽기	쓰기	읽기	쓰기	
문자	getchar( )	putchar( )	getc(pf)	putc(ch,pf)	파일의 끝을 만나면 EOF
문자열	gets( )	puts( )	fgets(str,limit,pf)	fputs(str,pf)	파일의 끝을 만나면 NULL
형식화	scanf( )	printf( )	fscanf(pf,format, arg-list)	fprintf(pf,format, arg-list)	

각 함수의 설명은 다음과 같다.

함수명	설명
int getc(pf)	– pf가 가리키는 파일로부터 문자를 읽어서 반환한다. – 오류 발생 시에는 EOF를 반환한다(파일 끝이라서 읽지 못해도 오류에 해당함).
int putc(ch,pf)	– ch를 pf가 가리키는 파일에 쓴다. – 오류 발생 시에는 EOF를 반환한다.
char *fgets(str,limit,pf)	– 개행문자(₩n)가 읽혀지거나 limit보다 작은 수만큼의 문자를 읽어들일 때까지 pf가 가리키는 파일로부터 읽는다. – 읽혀진 문자열은 str에 저장된다. – 만약 개행문자(₩n)가 읽혀지면 그것도 str에 저장된다. – 오류발생 시에는 NULL을 반환한다(파일 끝이라서 읽지 못해도 오류에 해당함).
int fputs(str,pf)	– str를 pf가 가리키는 파일에 출력한다.
int fprintf(pf,format,arg-list)	– printf( )에서와 같은 방식으로 pf가 가리키는 파일에 출력한다.
int fscanf(pf,format,arg-list)	– scanf( )에서와 같은 방식으로 pf가 가리키는 파일로부터 입력받는다.

4. 닫기

```
FILE *pf;
pf = fopen("data.txt", "r");
파일입출력 함수들.....
fclose(pf);
```

열기 및 입출력 시 사용한 파일 포인터 pf를 인수에 넣어 fclose()를 호출하면 "data.txt"의 사용을 종료한다.

Memory 메모리 설명

다음 메모리를 살펴보면 시스템에서 정한 FILE 구조체의 멤버들이 무엇인지 알 수 있다(단, 대표적인 멤버만 표시하였음). pf는 FILE 구조체를 가리키고 FILE 구조체 멤버 중 ptr과 base가 실제 디스크 안의 파일 위치를 가리킨다.

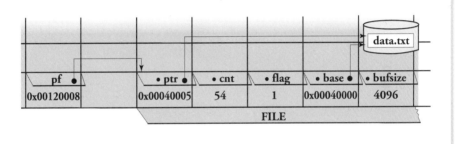

핵 / 심 / 정 / 리 /

```
FILE *pf;
pf = fopen("data.txt", "r");
파일입출력 함수들.....
fclose(pf);
```

→ 코드설명

FILE 포인터 변수 선언(pf)

파일이름("data.txt")과 읽기모드 "r"로 열기하여 포인터(pf) 반환

포인터(pf)를 이용하여 입출력 처리

포인터(pf)를 이용하여 닫기

문제

1. 파일 열기 함수에서 "w"과 "a"의 차이점은 무엇인가?

2. 파일을 최초 생성하는 경우에는 "w"와 "a"는 같은 효과인가?

3. 읽기함수를 호출하는 경우 파일의 끝을 검사하는 것이 매우 중요하다. getc()와 fgets()는 동일한 방법으로 파일 끝을 검사하는가? 다르다면 어떻게 다른지 설명하여라.

파일 쓰기

개념

아래의 기본적인 구조체 입출력 프로그램을 가지고 파일 쓰기를 연습해 보자. 어느 부분이 수정되는지 살펴본다. 파일 선언, 열기, 쓰기, 닫기를 하나씩 추가한다.

```
#include<stdio.h>
#include<stdlib.h>
void main(void)
{ int i;
  struct person_type { char name[8];
                       int age; } person[5];
  for (i=0; i<5; i++)
  { scanf("%s", person[i].name);
    scanf("%d", &person[i].age);
  }
  for (i=0; i<5; i++)
    printf("이름%s 나이%d입니다.₩n", person[i].name, person[i].age);
}
```

열기함수 호출결과를 확인하여 실패인 경우 종료하도록 처리하는 것이 안전하다. 실패인 경우 바로 종료하려고 exit()을 호출한다(exit() 사용하려면 stdlib.h를 인클루드함). 쓰기모드인 경우 어떤 경우가 열기 실패일까? 디스크에 남는 공간이 없거나 또는 쓰기권한이 없어서 생성하지 못한 경우이다. 프로그램 실행에 앞서 탐색기를 통해 현재 작업폴더에 "person.txt"가 없는지 확인한다. 다음 소스에서 밑줄 그은 부분이 수정된 부분이다.

```
#include<stdio.h>
#include<stdlib.h>
void main(void)
{
  struct person_type { char name[8];
                       int age; } person[5];
  FILE *pf;                                         // 선언
  int i;
  if ((pf=fopen("person.txt","w")) == NULL)         // 열기
  { printf( "Can't open person.txt" );
    exit(0);
  }
  for (i=0; i<5; i++)
  { scanf("%s", person[i].name);
    scanf("%d", &person[i].age);
  }
  for (i=0; i<5; i++)
    fprintf(pf,"%s\n%d\n", person[i].name, person[i].age); // 쓰기
  fclose(pf);                                       // 닫기
}
```

➜ **실행결과**

길동
23
길순
34
길자
45
길광
56
길상
67

파일 출력문을 보면 데이터 외에 설명글들을 모두 없앴고, 구조체의 멤버 하나가 각각
한 줄씩 들어가게 했다. 이는 프로그램에서 파일을 읽을 때 용이하도록 하기 위함이다.

```
printf("이름%s %d입니다.\n", person[i].name, person[i].age);
-->
    fprintf(pf,"%s\n%d\n", person[i].name, person[i].age);
```

모두 입력을 하고 나면 화면상에는 아무것도 출력되지 않지만, 탐색기로 작업폴더에
서 "person.txt"를 열어보면 파일에 출력되었음을 확인할 수 있다.

C 프로그램은 항상 세 개의 파일을 자동으로 열어서 그 포인터를 사용가능하게 한다.
화면입력(stdin), 화면출력(stdout), 오류(stderr)가 그것이다. 화면 입출력 함
수들은 내부적으로 stdin과 stdout이라는 포인터를 이용하는 것이다. 따라서 다
음의 두 개의 명령어는 동일한 것이다.

```
fprintf(stdout, "%d %c %s", 100, 'c', "this is a string") ;
printf ("%d %c %s", 100, 'c', "this is a string") ;
```

주의사항

작업폴더에서 파일을 읽고 쓰기 때문에 작업폴더가 어딘지 궁금하면 다음과 같이 진행한다. 좌측 Workspace창 이동 → 하단 FileView → 소스파일이름에서 마우스 오른쪽 버튼 → Property 선택

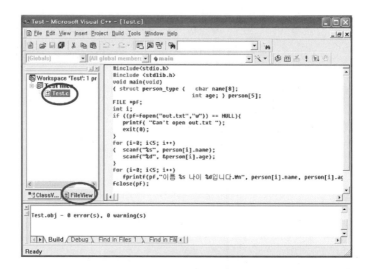

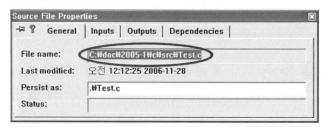

핵 / 심 / 정 / 리 /

```
FILE *pf;
pf=fopen("data.txt","w");
fprintf(pf,"%s%d\n","happy",7);
fclose(pf);
```

→ 실행결과

<data.txt>

happy7

→ 코드설명

FILE 포인터 변수 선언(pf)

쓰기모드 "w"로 열기하여 포인터(pf) 반환

printf( ) 함수 인수에서 맨 앞에 파일포인터만 추가하면 화면출력이 아니라 pf가 가리키는 파일(data.txt)로 출력되는 것임.

포인터(pf)를 이용하여 닫기

→ # 활용

다음 소스는 Q를 입력할 때까지 이름의 입력과 출력을 반복한다. 출력은 화면이 아닌 "out.txt"에 한다. 모드에 따라 어떤 차이가 있는지 반복 실행하면서 "out.txt"의 변화를 관찰해보자.

303

1. 쓰기모드 "w"

```
#include <stdio.h>
#include <stdlib.h>
void main(void)
{
  FILE *fp;
  char name[20];
  if ((fp=fopen("out.txt","w")) == NULL)
  { printf("can't create out.txt ₩n");
    exit(0);
  }
  scanf("%s",name);
  while (name[0] != 'Q')
  { fprintf(fp,"%s₩n", name);
    scanf("%s",name);
  }
  fclose(fp);
}
```

➡ 실행결과

홍길동
홍길자
Q

반복 실행해보면 매번 "out.txt"에는 새로운 데이터만 출력됨을 알 수 있다.

2. 추가모드 "a"

```c
#include <stdio.h>
#include <stdlib.h>
void main(void)
{
   FILE *fp;
   char name[20];
   if ((fp=fopen("out.txt","a")) == NULL)
   { printf("can't create out.txt ₩n");
      exit(0);
   }
   scanf("%s",name);
   while (name[0] != 'Q')
   { fprintf(fp,"%s₩n", name);
      scanf("%s",name);
   }
   fclose(fp);
}
```

➔ **실행결과**

```
📄 out.txt ...  _ □ X
파일(F)  편집(E)
서식(O)  보기(V)
도움말(H)
홍길동
홍길자
홍길동
홍길자
홍길동
홍길재
```

반복 실행해보면, "out.txt"는 기존의 데이터를 유지하면서 끝부분에 새로운 데이터가 추가적으로 출력됨을 알 수 있다. 여기서는 3회 반복하였다.

➡ # 문제

1. 연월일을 묶어서 구조체 배열 세 개를 선언하고 화면으로 입력받아서 "day.txt"로 출력하
는 프로그램을 작성하여라(연월일 각각 한 줄 출력).

➤ **실행결과**

```
1999 12 1
2000 12 2
2001 12 3
```

day.txt ...
파일(F) 편집(E)
서식(O) 보기(V)
도움말(H)

```
1999
12
1
2000
12
2
2001
12
3
```

파일 읽기

개념

2장의 소스를 조금 수정해서 파일 읽기 연습을 해보자. 이미 "person.txt" 파일이 생성되어 있으니까 그 파일을 읽어서 화면에 출력한다. 선언은 동일하지만 열기를 할 때 읽기모드 "r"로 수정하고, 파일 입력함수를 사용하면 된다. 열기함수 실패인 경우는 "person.txt"가 작업폴더에 존재하지 않는 경우이다(읽기모드로 열 때는 반드시 존재해야 한다. 필요하면 메모장을 이용해서 미리 생성해두면 된다). 수정된 부분은 밑줄로 표시하였다.

```c
#include <stdio.h>
#include <stdlib.h>
void main(void)
{
  struct person_type { char name[8];
                       int age; } person[5];
  FILE *pf;
  int i;
  char str[81];

  if ((pf=fopen("person.txt","r")) == NULL)
  { printf( "Can't open person.txt");
    exit(0);
  }

  for (i=0; i<5; i++)
```

```
{ fgets (person[i].name,80,pf);                    ← ①
  fgets(str, 80, pf);
                                                      ┐ ②
  person[i].age = atoi(str);                          ┘
}
for (i=0; i<5; i++)
   printf("이름 %s 나이 %d입니다.\n", person[i].name,person[i].age);
fclose(pf);
}
```

➡ **코드설명**

① name은 문자열이고, fgets( )는 문자열을 읽는 함수이므로 fgets( )에서 직접 name으로 읽는다.
② age는 정수형이어서 fgets( )에서 우선 문자열 str로 읽은 후 atoi( )를 이용하여 정수로 변환하여 age에 넣는다.

실행결과를 확인해보니 name 출력 뒤에 한 줄이 떨어진다. fgets()에서 한 줄 읽을 때 개행문자(\n)까지 포함하기 때문이다. 개행문자를 빼려면, name도 역시 str로 읽은 후 문자열 길이를 알아내서 개행문자 부분에 0을 넣어준다. 다음과 같이 세 줄로 변경한다.

```
fgets (person[i].name,80,pf);                      ← ①
↓
fgets(str,80,pf);
str[strlen(str)-1]=0;
strcpy(person[i].name, str);
```

다음 소스가 최종본이다. 파일읽기가 쓰기에 비해 복잡하므로 세심히 살펴보자. 2장에서 생성한 person.txt을 열어서 확인해 본다.

```
#include <stdio.h>
#include <stdlib.h>
#include <string.h>
void main(void)
{
  struct person_type { char name[8];
                       int age; } person[5];
  FILE *pf;
  int i;
  char str[81];

  if ((pf=fopen("person.txt","r")) == NULL)
  { printf( "Can't open person.txt");
    exit(0);
  }
  for (i=0; i<5; i++)
  { fgets(str,80,pf);
    str[strlen(str)-1]=0;                          ①
    strcpy(person[i].name, str);
    fgets(str, 80, pf);                            ②
    person[i].age = atoi(str);
  }
  for (i=0; i<5; i++)
    printf("이름%s 나이%d입니다.₩n", person[i].name,person[i].age);
  fclose(pf);
}
```

◆ 실행결과

이름 길동 나이 23입니다.
이름 길순 나이 34입니다.
이름 길자 나이 45입니다.

이름 길괄 나이 56입니다.

이름 길상 나이 67입니다.

핵 / 심 / 정 / 리 /

```c
FILE *pf;
char str[81];
pf=fopen("data.txt","r");
fgets(str,80,pf);
printf("%s\n",str);
fclose(pf);
```

➜ 실행결과

<data.txt>

happy7

<화면>

happy7

➜ 코드설명

FILE 포인터 변수 선언(pf)

읽기모드 "r"로 열기하여 포인터(pf) 반환

pf가 가리키는 파일 "data.txt"에서 80문자 또는 개행문자까지 str로 읽음

포인터(pf)를 이용하여 닫기

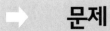 **문제**

1. 2장 문제에서 생성한 "day.txt"를 읽어서 화면에 출력하여라.

➡ **실행결과**

1999 12 1

2000 12 2

2001 12 3

파일 끝 알아내기

CHAPTER 04

개념

파일을 읽는 경우 그 파일 안에 몇 줄이 들어있는지 알 수 있는가? 물론 열어서 보면 알지만 그건 상황에 따라서 매번 달라지는 것이기 때문에 3장의 소스처럼 반복횟수를 정해서 읽을 수는 없다. 파일에서 마지막 줄을 읽었는지 확인하는 조건문을 넣어서 반복을 종료해야 한다.

다음은 3장 파일읽기 소스에서 파일의 끝을 검사하도록 변경한 것이다(밑줄부분 확인). 최대 다섯 번 반복이 가능하지만(구조체 배열 크기가 5이므로) 그전에 파일의 끝이 발견되면 종료하도록 한다. 읽기의 반복 횟수만큼 화면출력도 함께 수정해야 한다. 파일 읽기 부분에서 i의 마지막 값을 cnt에 넣어주고, 화면 출력 시 cnt만큼 반복한다. 실행에 앞서 메모장을 이용해서 아래처럼 person.txt를 열어서 끝에 두 줄을 지운다.

최대 반복 횟수 없이 파일의 끝 검사를 반복문의 조건에 직접 넣기도 한다.

```
while(fgets(str, 80,pf)!=NULL)
```

```c
#include <stdio.h>
#include <stdlib.h>
#include <string.h>
void main(void)
{
  struct person_type { char name[8];
                       int age; } person[5];
  FILE *pf;
  int i, cnt;
  char str[81];
```

```
if ((pf=fopen("person.txt","r")) == NULL)
{ printf("Can't open person.txt");
    exit(0);
}
for (i=0; i<5; i++)
{ if (fgets (str,80,pf)==NULL)
        break;
    str[strlen(str)-1]=0;
    strcpy(person[i].name, str);
    fgets(str, 80, pf);
    person[i].age = atoi(str);
}
cnt=i;
for (i=0; i<cnt; i++)
    printf("이름%s 나이%d입니다.\n", person[i].name,person[i].age);
fclose(pf);
}
```

→ 실행결과

이름 길동 나이 23입니다.
이름 길순 나이 34입니다.
이름 길자 나이 45입니다.

fgets()는 읽은 후 부가처리가 모두 필요했다. fscanf()를 이용하면 문자열의 경우는 개행문자를 읽지 않으며 숫자의 경우도 자동 변환해준다. 또한 scanf()가 여러 개 변수를 한꺼번에 읽듯이 fscanf()도 문자와 숫자를 혼합하여 여러 개 변수를 한꺼번에 읽을 수 있다. fscanf()는 scanf()와 동일한 인수를 사용하면서 첫 번째 인수에 파일 포인터만 추가하면 된다(fprintf()와 printf()의 차이점처럼).

```c
#include <stdio.h>
#include <stdlib.h>
void main(void)
{
  struct person_type { char name[8];
                          int age; } person[5];
  FILE *pf;
  int i, cnt;

  if ((pf=fopen("person.txt","r")) == NULL)
  { printf( "Can't open person.txt ");
      exit(0);
  }
  for (i=0; i<5; i++)
  { if(fscanf(pf,"%s",person[i].name)==EOF)
      break;
    fscanf(pf,"%d",&person[i].age);
  }
  cnt=i;
  for (i=0; i<cnt; i++)
    printf("이름%s 나이%d입니다.\n", person[i].name,person[i].age);
  fclose(pf);
}
```

다
·
이
·
얼
·
로
·
그

 날리 아니, 이렇게 간단한 방법이 있다니? fgets( )를 사용할 때는 읽어서 끝자리를 없애고 어쩌고저쩌고 하거나 숫자로 변환하고 막 그러더니만. 에고, 진작 이 방법 알려주지. 샘이 우릴 놀리나?

 범생 복잡한 방법도 알고 있어야 나중에 써먹지. 간단한 거라고 첨부터 알려주면 나중에 복잡한 것을 배울 때 어려워할까봐 그러지 않으셨을까? 우리 대단한 샘께서...

 날리 뭐가 대단해? 아무래도 샘이 우릴 놀리는 것 같은데...

(샘이 멀리서 지켜본다.)

 샘 (혼잣말) 복잡한 걸 먼저 알려주고 나서 그걸 간단하게 해결하는 방법을 알려주면 그 둘 간의 차이를 더 명확히 기억할 것 같아서 그런 건데... 날리가 내 맘을 몰라주네 그려. 언제 날리가 철이 드나? 그래도 범생이가 있어서 다행이야. (샘의 쓸쓸한 뒷모습)

 ## 활용

한 개의 파일을 다른 파일로 복사하는 방법을 살펴본다. 두 개의 파일을 동시에 다루려면 각각의 파일 포인터가 필요하다. 파일 포인터를 두 개 선언하고 파일을 열 때 해당하는 포인터로 반환받는다. 읽을 파일과 쓸 파일을 구분하여 읽기모드와 쓰기모드로 열어야 한다. 포인터를 여러 개 사용할 때는 올바른 포인터를 사용하였는지 특히 주의해야 한다.

1. fscanf( )와 fprintf( )사용

(out.txt는 2장 활용에서 생성한 파일임)

```c
#include <stdio.h>
#include <stdlib.h>
void main(void)
{
  FILE *fp1, *fp2;
  char name[20];

  if ((fp1=fopen("out.txt","r")) == NULL)
  { printf("can't open out.txt \n");
    exit(0);
  }

  if ((fp2=fopen("out2.txt","w")) == NULL)
  { printf("can't open out2.txt \n");
    exit(0);
  }
  while (fscanf(fp1,"%s", name) != EOF)
    fprintf(fp2,"%s\n", name);

  fclose(fp1);
  fclose(fp2);
}
```

➔ 실행결과

fscanf()를 이용하여 "out.txt"에서 읽은 name을 fprintf()를 이용하여 "out2.txt"에 쓰면 문자열 단위로 복사하는 결과를 가져온다. fscanf()의 반환 값을 확인하여 파일 끝이면 반복을 종료하도록 한다.

2. getc( )와 putc( ) 사용

(day.txt는 3장 문제에서 생성한 파일임)

```c
#include <stdio.h>
#include <stdlib.h>
void main(void)
{
  int c;
  FILE *fpi, *fpo;
  if ((fpi=fopen("day.txt","r"))==NULL)
  { printf("Can't open day.txt \n");
    exit(0);
  }
  if ((fpo=fopen("month.txt","w"))==NULL)
  { printf("Can't open day.txt \n");
    exit(0);
  }
  while ((c=getc(fpi))!=EOF)
    putc(c,fpo);
  fclose(fpi);
  fclose(fpo);
}
```

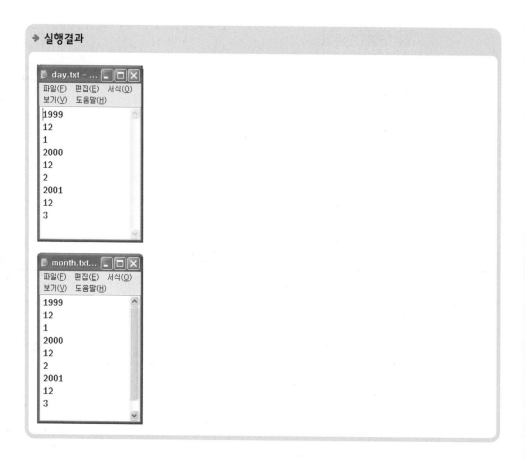

getc()를 이용하여 "day.txt"에서 읽은 c를 putc()를 이용하여 "month.txt"에 쓰면 문자단위로 복사하는 결과를 가져온다. getc()의 반환 값을 확인하여 파일 끝이면 반복을 종료하도록 한다.

1번과 2번은 동일한 결과를 보여주지만, 내부적으로 1번은 문자열 단위이고 2번은 문자 단위로서 그 차이를 갖는다. 텍스트파일이면서 파일 내부 구성에 관계없이 복사하려면 문자단위 처리를 하는 것이 간편하지만 반복횟수가 많은 단점이 있다. 파일 내용에 따라 적절한 입출력 함수를 선택하도록 한다.

핵 / 심 / 정 / 리 /

```
FILE *pf;
char str[81];
pf=fopen("data.txt","r");
while ( fgets(str,80,pf) !=NULL)
    printf("%s\n",str);
fclose(pf);
```

➜ 실행결과

<data.txt>

happy7

happy8

<화면>

happy7

happy8

➜ 코드설명

FILE 포인터 변수 선언(pf)

읽기모드 "r"로 열기하여 포인터(pf) 반환

fgets( )함수로 읽을 때 반환값이 NULL이면 파일 끝이므로 반복문을 종료함

포인터(pf)를 이용하여 닫기

➜ **문제**

1. 다음 소스에서 fgets( )대신 fscanf( )를 사용하도록 수정하여라.

```
#include <stdio.h>
#include <stdlib.h>
```

```c
void main(void)
{
  struct day_type { int yy;
                    int mm;
                    int dd; } day[3];
  FILE *pf;
  int i;
  char str[81];

  if ((pf=fopen("day.txt","r")) == NULL)
  { printf("Can't open day.txt");
    exit(0);
  }
  for (i=0; i<3; i++)
  { fgets( str, 80, pf);
    day[i].yy = atoi(str);
    fgets( str, 80, pf);
    day[i].mm = atoi(str);
    fgets( str, 80, pf);
    day[i].dd = atoi(str);
  }
  for (i=0; i<3; i++)
    printf("%d %d %d\n", day[i].yy, day[i].mm, day[i].dd);
  fclose(pf);
}
```

2. 2장 문제에서 생성한 "out.txt"를 읽어서 화면에 출력하여라. 파일 끝을 확인하여 반복을 종료하도록 한다.

```c
#include <stdio.h>
#include <stdlib.h>
void main(void)
{
  FILE *fp;
  char name[20];

  if ((fp=fopen(_____①_____)) == NULL)
  { printf("can't open out.txt ₩n");
    exit(0);
  }
  while (_____②_____)
    printf("%s₩n", name);
  fclose(fp);
}
```

→ 실행결과

홍길동
홍길자

이진 파일

개념

이진 파일이란 텍스트로 구성된 문서 파일(사람이 읽는 목적)과 달리 이진수 데이터 또는 실행 명령어들로 구성된 파일(프로그램이 읽는 목적)이다. 이제까지는 텍스트 파일을 다루었기에 편집기(메모장)를 이용하여 확인하거나 직접 수정하여 사용하였지만, 이진 파일은 프로그램을 통해서만 읽고 쓰는 것이 가능하다. 텍스트 파일과 차이나는 부분만 중점적으로 설명한다.

1. 열기

열기함수에서 모드를 수정해야 한다. 다음과 같이 원래 모드의 의미를 그대로 유지하면서 이진 파일이라는 표시만 추가된다. b를 뒤에 붙여서 두 글자가 된다(binary의 약자).

모드	설명
"rb"	– 이진 파일 읽기모드
	– 파일이 미리 존재해야만 한다.
	– 읽기만이 가능하다.
	– 파일 내에서의 현재 위치는 맨 처음이다.
"wb"	– 이진 파일 쓰기모드
	– 파일의 존재여부에 상관없이 새로 생성된다.
	– 쓰기만이 가능하다.
"ab"	– 이진 파일 추가모드
	– 파일이 이미 존재하면 현재 위치는 맨 끝부분을 가리키고 파일이 존재하지 않으면 새로 생성된다.
	– 파일의 맨 끝에 쓰는 것만이 가능하다.

2.　사용

이진 파일용 입출력 함수는 다음과 같다. fread()와 fwrite()의 첫 번째 인수인 void *buffer는 void 포인터다. 문자 포인터, 정수 포인터와 달리 어떤 자료형도 가리킬 수 있는 포인터란 뜻이다(이는 특수한 의미의 generic pointer라고 함).

함수	설명
size_t fread(void *buffer, size_t size, size_t num, FILE *fp);	- fp가 가리키는 파일에서 num개의 데이터 단위(size)를 buffer가 가리키는 변수로 읽는다. - 반환값: 실제 읽은 객체의 수를 반환하는데, 반환값이 num보다 작다면 파일의 끝에 도달하였거나 에러가 발생된 경우이다.
size_t fwrite(void *buffer, size_t size, size_t num, FILE *fp);	- buffer가 가리키는 변수에서 num개의 데이터 단위를 pf가 가리키는 파일에 쓴다. - 반환값: 쓰인 데이터 단위 수를 반환하는데, 에러가 발생되면 num보다 작은 값이 반환된다.

첫 번째 인수인 buffer는 포인터 변수이므로 호출 시 실 인수는 주소이어야 한다(일반변수인 경우는 &를 사용).
size_t 는 부호 없는 정수로서 unsigned int 대신 선언하여 사용한 것임(#define 이용함)

다음 소스는 정수배열을 이진 파일에 출력한 후 다시 그 파일을 열어서 읽는다. 이진 파일을 다룰 때는 한 번의 fwrite()와 fread() 호출에 의해 배열 전체의 출력과 입력을 할 수 있는 특징이 있다.

```c
#include <stdio.h>
#include <stdlib.h>

void main(void)
{  int num[3] = {10,20,30};
   int i;
   FILE *pf;
   if((pf = fopen("num", "wb"))==NULL)
```

```
{ printf("Cannot open file.\n");
  exit(0);
}
/* 한 번에 전체 배열을 쓴다. */
if(fwrite(num, sizeof num, 1, pf) !=1)
{ printf("Write error.\n");
  exit(0);
}
fclose(pf);
if((pf = fopen("num", "rb"))==NULL)
{ printf("Cannot open file.\n");
  exit(0);
}

/* 배열을 임의의 다른 값으로 수정한다. */
for(i=0; i<3; i++) num[i] = -1;                    ← ①

/* 한 번에 전체 배열을 읽는다. */
if(fread(num, sizeof num, 1, pf) !=1)
{ printf("Read error.\n");
  exit(0);
}

/* 배열을 화면에 출력한다. */
for(i=0; i<3; i++) printf("%d ", num[i]);
fclose(pf);
}
```

▶ 실행결과

10 20 30

→ **코드설명**

① 같은 배열 변수로 다시 읽기 때문에, 정상적으로 읽었는지 확인하기 위해 임의의 다른
값으로 수정한 것이다.

fread와 fwrite( )의 두 번째 인수 sizeof num은 배열 num의 크기를 자동계산 해주는 함수
이다. sizeof (num)으로 사용해도 된다.

→ **확인**

구조체 선언이 다음과 같을 때 이진 파일과 텍스트 파일 간의 입출력 함수를 비교하였
다. 텍스트 파일은 구조체의 멤버단위로 처리한다. 반면에 이진 파일은 구조체 전체를
한 번에 처리한다. 다만 이진 파일은 첫 번째 인수인 버퍼가 포인터임을 주의한다. 구
조체 배열의 경우에도 텍스트 파일은 반복문이 필요하지만 이진 파일은 배열 전체를
한 번에 처리하여 간결한 코딩이 가능하다.

```
struct day_type { int yy;
                  int mm;
                  int dd; } today, day[3];
```

이진 파일	텍스트 파일
fwrite(&today, sizeof today,1, pf)	fprintf(pf,"%d %d %d\n",today.yy,today.mm, today.dd);
fwrite(day, sizeof day, 1, pf)	for (i=0; i<3; i++) { fprintf(pf,"%d %d %d\n",day[i].yy,day[i].mm, day[i].dd); ... }
fread(&today, sizeof today, 1, pf)	fscanf(pf,"%d%d%d",&today.yy,&today.mm, &today.dd);
fread(day, sizeof day, 1, pf)	for (i=0; i<3; i++) { fscanf(pf,"%d%d%d",&day[i].yy,&day[i].mm, &day[i].dd); ... }

today는 구조체이고 day[3]는 구조체 배열이므로, today 앞에는 &를 넣어서 사용하고 day는 그대로 사용한다(배열은 시작주소를 가짐).

활용

구조체 배열을 선언하여 우선 배열에 모두 입력받은 후 한 번에 파일에 출력하는 경우와 구조체를 선언하여 입력받은 것을 매번 파일에 출력하는 경우의 두 가지가 있는데, 다음은 후자에 속한다. 파일 입출력 문이 모두 반복적으로 호출됨을 알 수 있다. 이 경우는 메모리가 절약되는 반면, 파일 입출력 횟수가 많아지는 단점이 있다.

```c
#include <stdio.h>
#include <stdlib.h>
void main(void)
{
  struct day_type { int yy;
                    int mm;
                    int dd; } today;
  FILE *pf;

  if ((pf=fopen("today","wb")) == NULL){
  { printf( "Can't open file");
    exit(0);
  }
  scanf("%d", &today.yy);                       ← ①
  while (today.yy != 0) //년에 0 입력시 반복종료
  { scanf("%d%d", &today.mm, &today.dd);
    if(fwrite(&today, sizeof today, 1, pf) !=1)
    { printf("Write error.\n");
      exit(0);
    }
```

```
        scanf("%d", &today.yy);                        ← ①
    }
    fclose(pf);
    if ((pf=fopen("today","rb")) == NULL)
    { printf("Can't open file");
        exit(0);
    }
    while (fread(&today, sizeof today, 1, pf) == 1)
        printf("%d %d %d\n", today.yy, today.mm, today.dd);

    fclose(pf);
}
```

→ 실행결과

1999 12 1
2000 12 2
2001 12 3
0
1999 12 1
2000 12 2
2001 12 3

→ 코드설명

① 사용자로부터 연월일을 입력받을 때, 연 대신 0을 입력하면 반복을 종료하도록 정의하였기 때문에 연 입력부만 별도로 뽑아내서 처리한 후 반복의 종료여부를 검사한 것이다.

핵 / 심 / 정 / 리 /

```
FILE *fp;
int num[3]={10,20,30};
pf=fopen("bin","wb");
fwrite(num,sizeof num,1,fp);
fclose(pf);
```

➤ **코드설명**

이진 쓰기모드 "wb"로 이진 파일 열기

fwrite( ) : num이 가리키는 변수에서 num 크기만큼 한 개를 fp가 가리키는 파일에 씀(num은 void 포인터)

성공적이면 쓰기단위 개수 1을 반환

```
FILE *fp;
int num[3];
pf=fopen("bin","rb");
fread(num, sizeof num,1,fp);
fclose(pf);
```

➤ **코드설명**

이진 읽기모드 "rb"로 이진 파일 열기

fread( ) : num 크기만큼 한 개를 num이 가리키는 변수로 읽음(num은 void 포인터)

성공적이면 읽기단위 개수 1을 반환

문제

1. 다음 소스에서 이진 파일을 사용하는 방식으로 수정하여라.

```c
#include<stdio.h>
#include<stdlib.h>
void main(void)
{
   struct day_type { int yy;
                     int mm;
                     int dd; } day[3]={{1999, 12, 1},{2000,12,2},{2001,12,3}};
   FILE *pf;
   int i;

   if ((pf=fopen("day.txt","w")) == NULL)
   { printf("Can't open day.txt");
     exit(0);
   }

   for (i=0; i<3; i++)
      fprintf(pf,"%d %d %d\n",day[i].yy,day[i].mm,day[i].dd);
   fclose(pf);

   for (i=0; i<3; i++)
      day[i].yy=day[i].mm=day[i].dd = -1;              ← ①

   if ((pf=fopen("day.txt","r")) == NULL)
   { printf("Can't open day.txt");
     exit(0);
   }

   for (i=0; i<3; i++)
```

```
        fscanf(pf,"%d%d%d",&day[i].yy,&day[i].mm,&day[i].dd);

    for (i=0; i<3; i++)
        printf("%d %d %d\n", day[i].yy, day[i].mm, day[i].dd);
    fclose(pf);


}
```

실행결과

1999 12 1
2000 12 2
2001 12 3

코드설명

① 할당문 세 개가 연결되어 있는 경우인데, 우측을 실행하고 그 결과가 다시 좌측으로 할당되는 것이 반복된다. 결국 day[i].dd=-1; day[i].mm=-1; day[i].dd=-1;의 세 문장을 순서대로 합성한 것이다.

파일 임의 접근

 개념

파일을 처음부터 순서대로 읽거나 쓰는 것을 **순차 접근**이라 하고, 순서에 관계없이 임의로 읽거나 쓰는 것을 **임의 접근**이라 한다. 임의 접근을 위해서는 아래 두 개의 함수를 사용한다.

함수	설명
int fseek(FILE *pf, long offset, int origin);	파일 포인터(pf)를 임의의 위치(origin에서 offset 떨어진)로 이동시킴. – pf : 파일 포인터 – offset : origin에서부터 떨어진 바이트 수 – origin : 　　SEEK_SET : 파일의 처음부터 찾음 　　SEEK_CUR : 파일의 현재 위치에서부터 찾음 　　SEEK_END : 파일의 끝에서부터 찾음 – 반환값 : 성공하면 0을, 실패하면 0이 아닌 값을 반환한다.
long ftell(FILE *pf);	파일 포인터의 현재 위치를 알아냄 – 반환값: 현재 위치를 반환하거나 실패하면 −1을 반환한다.

다음 소스는 `fseek()`에 의해 원하는 위치까지 포인터를 이동시킨 후 `getc()`에 의해 데이터를 읽는다. `fseek()`은 포인터만 이동시키므로 읽는 함수는 별도로 호출해야 한다.

주의사항

fseek() 함수는 인수로서 long형을 사용하므로 해당 변수 선언 시 주의한다. long형은 정수형이지만 크기를 세분화한 것이다. 아래의 크기 설명은 일반적인 시스템의 경우이다.

short (int) 2바이트 : short int라고 해도 되고 short라고 해도 된다.

long (int) 4바이트 : long int라고 해도 되고 long이라고 해도 된다.

```c
#include <stdio.h>
#include <stdlib.h>
void main(void)
{
  long loc;
  FILE *pf;

  if((pf = fopen("data.txt", "r"))==NULL)
  { printf("Cannot open file.\n");
    exit(0);
  }
  printf("Enter byte to seek to:");
  scanf("%ld", &loc);
  if(fseek(pf, loc, SEEK_SET))
  { printf("Seek error.\n");
    exit(0);
  }
  printf("Value at loc %ld is %c", loc, getc(pf));
  fclose(pf);
}
```

> ➔ **실행결과**

Enter byte to seek to: *2*

Value at loc 2 is p

파일의 끝으로 위치하려면 fseek(fp, 0L, SEEK_END);를 사용한다. 끝에서 출발하여(SEEK_END) 0만큼 이동한다(0L)는 뜻이다. 가운데 인수인 offset이 long형이므로 상수를 쓸 때도 숫자 뒤에 L을 붙여서 자료형 변환을 한다.

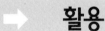

활용

파일 임의 접근은 단순한 예제를 제시하기에 어려운 면이 있다. 여기서는 fseek() 의 개념을 명확히 하기 위한 목적으로 예제를 설명한다.

1. ▍▍ **파일의 포인터 이동**

다음은 5장의 이진 파일 활용의 소스인데, 첫 번째 파일을 쓰기로 열어서 처리한 후 닫고, 두 번째 읽기로 열어서 처리한 후 닫는 과정을 거친다. 파일을 처음 열어서 모두 처리한 후 마지막에 닫는 방식으로 수정해 보자. 파일의 사용 목적이 쓰기와 읽기를 모두 포함하도록 모드를 수정해야 하고, 쓰기가 완료된 후 파일 포인터를 맨 앞으로 이동시켜야 한다(이해가 간다면 뒤에 설명을 보기 전에 직접 해보도록 하자).

```c
#include <stdio.h>
#include <stdlib.h>
void main(void)
{
  struct day_type { int yy;
                    int mm;
                    int dd; } today;
  FILE *pf;

  if ((pf=fopen("today","wb")) == NULL)
  { printf("Can't open file");
    exit(0);
  }
  scanf("%d", &today.yy);
  while (today.yy != 0) //년에 0 입력시 반복종료
  { scanf("%d%d", &today.mm, &today.dd);
    if(fwrite(&today, sizeof today, 1, pf) !=1)
    { printf("Write error.\n");
      exit(0);
    }
    scanf("%d", &today.yy);
  }

  fclose(pf);

  if ((pf=fopen("today","rb")) == NULL)
  { printf("Can't open file");
    exit(0);
  }
  while (fread(&today, sizeof today, 1, pf)==1)
    printf("%d %d %d\n", today.yy, today.mm, today.dd);

  fclose(pf);
}
```

수정 결과는 다음과 같다.

```c
#include <stdio.h>
#include <stdlib.h>
void main(void)
{
  struct day_type { int yy;
                    int mm;
                    int dd; } today;
  FILE *pf;

  if ((pf=fopen("today","wb+")) == NULL)
  { printf("Can't open file");
    exit(0);
  }
  scanf("%d", &today.yy);
  while (today.yy != 0) //년에 0 입력시 반복종료
  { scanf("%d%d", &today.mm, &today.dd);
    if(fwrite(&today, sizeof today, 1, pf) !=1)
    { printf("Write error.\n");
      exit(0);
    }
    scanf("%d", &today.yy);
  }
  fseek(pf, 0L, SEEK_SET);

  while (fread(&today, sizeof today, 1, pf)==1)
    printf("%d %d %d\n", today.yy, today.mm, today.dd);

  fclose(pf);
}
```

파일이 열린 상태에서 포인터만 앞으로 이동하여 다시 처리할 수 있음을 알 수 있다. 마찬가지로 포인터를 이동하고 싶을 때 파일을 닫았다가 다시 열어도 된다는 의미이다(파일을 열면 포인터는 맨 앞에서 시작함. 단, 추가모드는 예외).

핵 / 심 / 정 / 리 /

```
long loc=2;
FILE *pf;
pf = fopen("data.txt", "r");
fseck(pf, loc, SEEK_SET);
printf("%ld 위치에는 %c 있다",loc, getc(pf));
fclose(pf);
```

➡ 실행결과

<data.txt>
happy7
happy8
<화면>
2 위치에는 p 있다.

➡ 코드설명

- fseek( ) : 파일 처음(SEEK_SET)부터 시작해서 loc(2)만큼 현재 포인터를 이동시킨다.
- getc( ) : 현재 위치에서 한 문자 읽는다.

문제

1. 다음은 data.txt를 reverse.txt로 역순서 복사하기 위해 ftell()과 fseek()을 사용한 것이다. 입력 파일의 끝을 어떻게 찾는가를 주의 깊게 살펴본다. 파일의 끝을 찾아서 한 바이트를 빼야 마지막 문자에 위치하게 된다. 역순서로 복사하는 부분인 빈칸을 완성하여라.

```
#include <stdio.h>
#include <stdlib.h>

void main(void)
{
  long loc;
  FILE *fpi, *fpo;
  char ch;

  if((fpi = fopen("data.txt", "r"))==NULL)
  { printf("Cannot open input file.\n");
    exit(0);
  }
  if((fpo = fopen("reverse.txt", "w"))==NULL)
  { printf("Cannot open output file.\n");
    exit(0);
  }
  /* 원시 파일의 끝을 찾는다. */
  fseek(fpi, 0L, SEEK_END);
  loc = ftell(fpi);

  /* 역순서로 파일을 복사한다. */
  loc = loc-1; /* 끝에서 1을 빼야 마지막 데이터임 */
  while (loc>=0L)
  {




  }

  fclose(fpi);
  fclose(fpo);
}
```

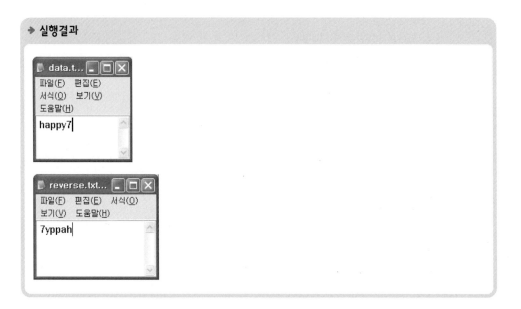

메인함수의 인수

 개념

일반함수와 마찬가지로 메인도 함수이므로 인수를 사용할 수 있다. 이제까지 main(void)로 사용한 것은 인수가 없는 경우이다. **메인함수의 인수**를 다른 말로 **"명령어-라인**(command-line) **인수"**라고도 한다.

1. **선언**

메인함수의 인수는 다음과 같이 두 개로 나뉜다. 첫 번째 인수인 argc가 인수의 개수를 의미하고, 두 번째 인수인 argv는 인수들을 나열하는 포인터 배열이다.

함수	설명
void main(int argc, char *argv[]);	– argc : 명령어-라인에 있는 인수들의 수(실행 프로그램의 이름을 포함)
	– argv : 문자열 포인터 배열
	argv[0] = "실행 프로그램의 이름"
	argv[1] = "첫 번째 인수"
	argv[2] = "두 번째 인수"
	....

2. **호출**

일반함수는 형식인수와 실인수의 개수와 자료형이 일치하는 반면, 메인함수는 특별한 경우라서 혼돈이 오기도 한다. 다음처럼 메인의 첫 번째 인수는 실인수의 개수로서 4이고(프로그램 이름도 인수로 취급), 실인수인 문자열이 argv[ ]에 차례로 들어간다. 여기서 'test 1, 2, 3'이 메인의 호출 방법인데 이어서 설명이 나온다.

```
void main(void)
{
     add(1, 2); // 호출
}
void add(int a, int b)// 선언
{
}


void main(int argc, char *argv[]) // 선언
{
}
              4   argv[0], argv[1], argv[2], argv[3]

test 1, 2, 3              // 호출
```

다음 소스는 메인함수 인수를 모두 출력하는 간단한 예제이다. 실행을 위해서는 메인
함수에게 인수를 넘겨주어야 한다. 인수를 넘겨주는 방법으로 두 가지를 설명한다.

```
#include <stdio.h>
void main(int argc, char *argv[])
{
  int i;
  for(i=0; i<argc; i++) printf("%s\n", argv[i]);
}
```

➡ 실행결과

```
C:\doc\src\Debug\Test.exe
aaa
bbb
ccc
```

| 방법 1 |

프로젝트-세팅-디버그 화면을 찾아서 다음처럼 "program argument" 부분에 인수값을
넣는다. 스페이스로 분류해서 원하는 개수만큼 넣으면 된다.

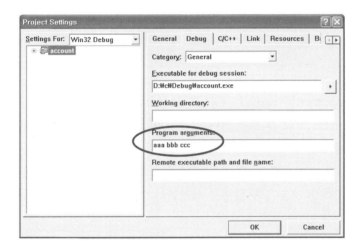

첫 번째는 전체 경로를 포함한 실행파일 이름이고, 두 번째부터 프로그램 안에서 사용
할 실제 인수들이다.

| 방법 2 |

이와 같이 컴파일러 없이 명령 프롬프트 창에서 실행시킬 때는 실행파일 뒤에 스페이
스로 분리하여 인수를 넣으면 된다.

이는 노트패드(notepad.exe)를 실행시키면서 파일명을 연이어 입력하면 노트패드가 실행될 때 동시에 해당 파일이 열리는 것과 같은 원리이다(명령프롬프트 창에서 notepad test.txt 하고 실험해본다. 단, 같은 폴더 안에 test.txt가 있어야 한다).

활용

다음 소스는 day.txt를 month.txt로 복사하는 파일입출력 예제이다(7부 4장). day.txt와 month.txt는 소스 안에 고정된 이름인데, 이를 변경하려면 소스를 수정해서 다시 컴파일해야 한다. 소스 내 다른 내용들은 변경될 경우가 거의 없지만, 파일이름은 외부적인 요인으로 인해 변경이 종종 발생한다. 이러한 파일이름을 메인함수의 인수로 바꾼다면 프로그램 실행을 시키면서 인수로 넘기면 되니까 컴파일 없이 간편하게 처리할 수 있다.

```c
#include<stdio.h>
#include<stdlib.h>
void main(void)
{
  int c;
  FILE *fpi, *fpo;
  if ((fpi=fopen("day.txt","r"))==NULL)
  { printf("Can't open File\n");
    exit(0);
  }
  if ((fpo=fopen("month.txt","w"))==NULL)
  { printf("Can't open File\n");
    exit(0);
  }
  while ((c=getc(fpi))!=EOF)
    putc(c,fpo);
```

```
      fclose(fpi);
      fclose(fpo);
  }
```

다음은 위의 소스에서 파일이름을 메인함수의 인수로 변경한 것이다. 우선 argc를 검사하여 원하는 숫자만큼 인수가 들어왔는지 확인한다. 여기서는 두 개의 인수가 필요하므로 실제 argc는 3이어야 하고, 인수로서 argv[0]은 프로그램 이름이니까 argv[1]과 argv[2]를 순서대로 사용하면 된다. day.txt 대신 argv[1]이, month.txt 대신 argv[2]가 사용되었다.

```
#include <stdio.h>
#include <stdlib.h>
void main( int argc, char *argv[])
{
  int c;
  FILE *fpi, *fpo;
  if (argc < 3)
  { printf("argument error \n");
    exit(0);
  }
  if ((fpi=fopen( argv[1],"r"))==NULL)
  { printf("Can't open File\n");
    exit(0);
  }
  if ((fpo=fopen( argv[2],"w"))==NULL)
  { printf("Can't create File\n");
    exit(0);
  }
  while ((c=getc(fpi))!=EOF)
    putc(c,fpo);
  fclose(fpi);
  fclose(fpo);
}
```

다음과 같이 두 개의 인수를 넣어서 실행시키면 `year.txt`가 생성된다.

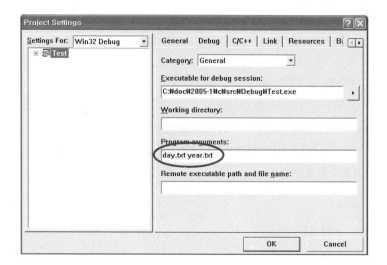

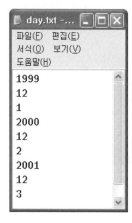

핵 / 심 / 정 / 리 /

```
void main(int argc, char *argv[])
{ int i;
  for(i=0; i<argc; i++)
    printf("%s\n", argv[i]);
}
```

➔ 실행결과

C:\doc\src\Debug\Test.exe	← 실행파일 이름
aaa	← 첫째 인수
bbb	← 둘째 인수
ccc	← 셋째 인수

➔ 코드설명

argc에는 4가 들어있고,

argv[0]에는 C:\doc\src\Debug\Test.exe,

argv[1]에는 aaa,

argv[2]에는 bbb,

argv[3]에는 ccc가 들어있음

문제

1. 세 개의 인수로 파일이름을 받아서, 앞의 두 개 파일을 연이어 복사하여 세 번째 파일이 되도록 빈칸을 채워라. 앞에 두 개 파일은 앞서 만들었던 `person.txt`와 `data.txt`로 하고 세 번째는 새로운 파일인 `last.txt`로 한다.

```c
#include <stdio.h>
#include <stdlib.h>
void main(int argc, char *argv[])
{
  int c;
  FILE *fpi1, *fpi2, *fpo;

  ①

  if ((fpi1=fopen(argv[1],"r"))==NULL)
  { printf("Can't open File\n");
    exit(0);
  }

  ②

  if ((fpo=fopen(argv[3],"w"))==NULL)
  { printf("Can't open File\n");
    exit(0);
  }
  while ((c=getc(fpi1))!=EOF)
    putc(c,fpo);

  ③
```

```
    fclose(fpi1);
    fclose(fpi2);
    fclose(fpo);
}
```

➔ **실행결과**

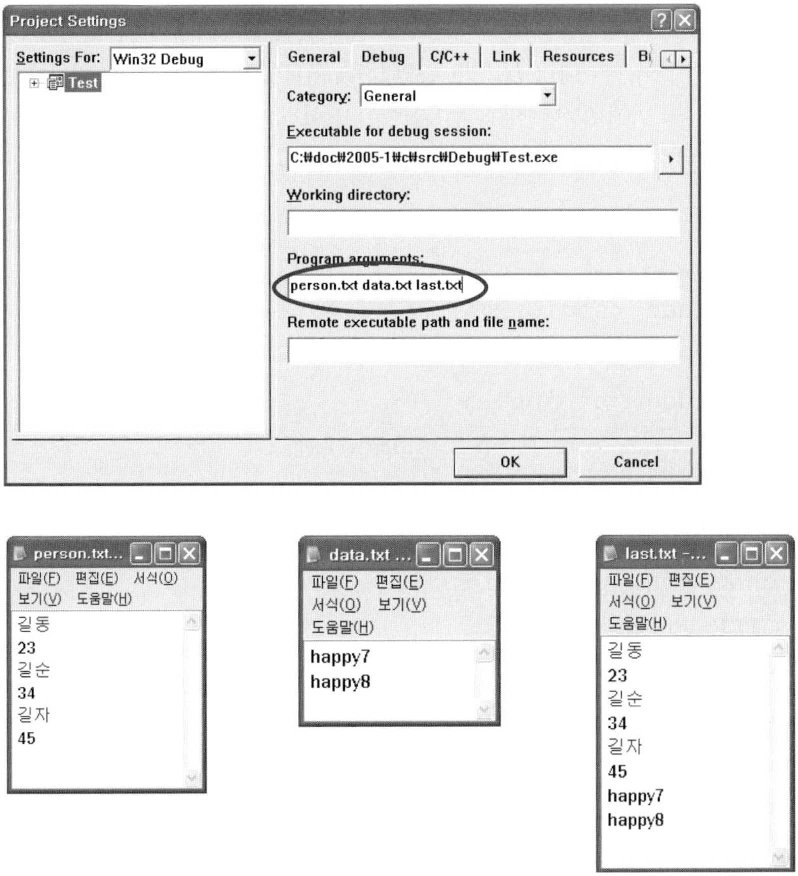

종합문제

1. 다음 소스는 '입력/출력/검색/종료'를 포함하는 메뉴를 만들어 반복시킨다. 입력은 이름, 전화, 나이를 반복적으로 입력받아 파일에 쓴다(종료하려면 이름 대신 0을 입력). 출력은 파일에서 읽은 데이터를 화면에 출력한다. 검색은 사용자로부터 입력받은 이름을 파일에서 찾아서 화면에 출력한다. 1차 실행에서 입력한 데이터를 2차 실행에서 확인할 수 있다. 소스의 빈칸을 채워서 완성하여라(5부의 구조체 종합문제를 파일 입출력 방식으로 수정한 것임).

```c
#include <stdio.h>
#include <stdlib.h>
#include <string.h>
struct person { char name[12];
                char tel[14];
                int age; } p;
char *fn="person.bin";
FILE *fp;
void put_person(void);
void get_person(void);
void find_person(void);
void main(void)
{ int menu;
  do { printf("Enter Menu : (1:입력 2:출력 3:검색 4:종료)");
      scanf("%d",&menu);
      switch (menu)
      { case 1 : put_person();
                 break;
        case 2 : get_person();
```

```
                break;
       case 3 : find_person();
                break;
       default : printf("종료\n");
     }
 } while (menu == 1 || menu == 2 || menu == 3);
}
void put_person(void)
{ int i;
  if (_____①_____)
  { printf("Put_Open Error\n");
    exit(0); }
  printf("이름, 전화, 나이를 입력하여라 (0:종료)\n");
  for (i=0;;i++)
  { fflush(stdin);
    gets(p.name);
    if (p.name[0]=='0') break;
    gets(p.tel);
    scanf("%d",&p.age);
    _____②_____
    printf("Next Person ..\n");
  }
  fclose(fp);
}
void get_person(void)
{ if (_____③_____)
  { printf("Get_Open Error\n");
    exit(0);
  }
  printf("%-12s %-16s %-4s\n","이름", "전화", "나이");
  while (_____④_____)
```

```
        printf("%-12s %-16s %-4d\n",p.name,p.tel,p.age);
    fclose(fp);
}
void find_person(void)
{ int find=0;
  char name[12];
  if (_____⑤_____)
  { printf("Find_Open Error\n");
    exit(0);
  }
  fflush(stdin);
  printf("찾는사람 이름 : ");
  gets(name);
  printf("%-12s %-16s %-4s\n","이름", "전화", "나이");
  while (_____⑥_____)
    if (strcmp(name,p.name)==0)
    { printf("%-12s %-16s %-4d\n",p.name,p.tel,p.age);
      find=1;
      break;
    }
  if (!find)
    printf("일치하는 데이터가 없음\n");
  fclose(fp);
}
```

◆ **실행결과:** 1차 실행(입력 → 출력 → 검색 → 입력 → 출력 → 종료)

```
  Enter Menu : (1:입력 2:출력 3:검색 4:종료) 1
이름, 전화, 나이를 입력하여라 (0:종료)
John
503-1234
34
Next Person ..
```

Smith

2733-2312

45

Next Person ..

0

   Enter Menu : (1:입력 2:출력 3:검색 4:종료)*2*

이름   전화   나이

John   503-1234   34

Smith   2733-2312   45

   Enter Menu : (1:입력 2:출력 3:검색 4:종료)*3*

찾는사람 이름 : *Smith*

이름   전화   나이

Smith   2733-2312   45

   Enter Menu : (1:입력 2:출력 3:검색 4:종료)*1*

이름, 전화, 나이를 입력하여라 (0:종료)

Tom

501-3245

44

Next Person ..

0

   Enter Menu : (1:입력 2:출력 3:검색 4:종료)*2*

이름   전화   나이

John   503-1234   34

Smith   2733-2312   45

Tom   501-3245   44

   Enter Menu : (1:입력 2:출력 3:검색 4:종료)4

종료

➔ **실행결과:** 2차 실행(입력 → 출력 → 검색 → 종료)

   Enter Menu : (1:입력 2:출력 3:검색 4:종료)*1*

이름, 전화, 나이를 입력하여라 (0:종료)

Clara

420-9834

12

Next Person ..

0

  Enter Menu : (1:입력 2:출력 3:검색 4:종료)*2*

이름	전화	나이
John	503-1234	34
Smith	2733-2312	45
Tom	501-3245	44
Clara	420-9634	12

  Enter Menu : (1:입력 2:출력 3:검색 4:종료)*3*

찾는사람 이름 : *Tom*

이름	전화	나이
Tom	501-3245	44

  Enter Menu : (1:입력 2:출력 3:검색 4:종료)4

종료

---

2. 영한사전을 만들기 위해 등록/저장/로드/검색/종료의 메뉴를 반복한다. 영어와 한글을 반복적으로 입력받아 "dict" 파일에 저장시킨다(Q를 입력하면 반복을 종료한다). 사전이 만들어지면 영어를 입력받은 후 해당 한글을 찾아서 화면에 출력한다. 빈칸을 완성하여라 (영어와 한글을 구조체로 선언, "dict"는 명령어 라인 인수로 지정함).

```c
#include <stdio.h>
#include <stdlib.h>
#include <string.h>
FILE *pf;
struct { char eng[20]
         char kor[20];
} dict[20];
char search[20];

void insert(void);
```

```
void find(void);

┌─────────────────────────────────────────────────┐
│                                                   │
│                         ①                         │
│                                                   │
└─────────────────────────────────────────────────┘
void main(int argc, char *argv[])
{ int menu=1;

  if (argc < 2)
  { printf("argument error ₩n");
    exit(0);
  }

  while (menu != 5)
  { printf("Enter Menu : 1.등록 2.검색 3.저장 4.로드 5.종료 ");
    scanf("%d",&menu);
    switch (menu)
    { case 1 : insert(); break;
      case 2 : find(); break;
      case 3 : [     ②     ] break;
      case 4 : [     ③     ] break;
      case 5 : break;
      default : printf("error !");
    }
  }
}

void insert(void)
{ int i;

  for (i=0;i<20;i++)
  { scanf("%s",dict[i].eng);
    if (dict[i].eng[0] == 'Q') break;
```

```
        scanf("%s",dict[i].kor);
    }


}

void find(void)
{ int i;
  printf("Find word ?");
  scanf("%s", search);
  for (i=0;i<20;i++)
    if (!strcmp(dict[i].eng,search))
    { printf("Success ! %s\n",dict[i].kor);
      break;
    }
}

void save(char *fn)
{
```

④

```
}

void load(char *fn)
{
```

⑤

```
}
```

→ **실행결과:** 1차 실행(등록 → 저장 → 로드 → 검색 → 종료)

Enter Menu : 1.등록 2.검색 3.저장 4.로드 5.종료 *1*

abort

중단하다

about

대하여

above

위에

Q

Enter Menu : 1.등록 2.검색 3.저장 4.로드 5.종료 *3*

Enter Menu : 1.등록 2.검색 3.저장 4.로드 5.종료 *4*

Enter Menu : 1.등록 2.검색 3.저장 4.로드 5.종료 *2*

Find word ? *abort*

　Success ! 중단하다

Enter Menu : 1.등록 2.검색 3.저장 4.로드 5.종료 *2*

Find word ? above

　Success ! 위에

Enter Menu : 1.등록 2.검색 3.저장 4.로드 5.종료 *5*

→ **실행결과:** 2차 실행(로드 → 검색 → 종료)

Enter Menu : 1.등록 2.검색 3.저장 4.로드 5.종료 *4*

Enter Menu : 1.등록 2.검색 3.저장 4.로드 5.종료 *2*

Find word ? *abort*

　Success ! 중단하다

Enter Menu : 1.등록 2.검색 3.저장 4.로드 5.종료 *2*

Find word ? *about*

　Success ! 대하여

Enter Menu : 1.등록 2.검색 3.저장 4.로드 5.종료 *2*

Find word ? happy

Enter Menu : 1.등록 2.검색 3.저장 4.로드 5.종료 *5*

*Let this book change you
and you can change the world!*

나는 배웠다

오마르 워싱턴 지음

다른 사람으로 하여금
나를 사랑하게 만들 수 없다는 것을
나는 배웠다.
내가 할 수 있는 일이 있다면 사랑받을
만한 사람이 되는 것뿐이다.

사랑은 사랑하는 사람의 선택이다.
내가 아무리 마음을 쏟아
다른 사람을 돌보아도
그들은 때로 보답도 반응도 하지 않는다는
것을 나는 배웠다.

신뢰를 쌓는 데는 여러 해가 걸려도
무너지는 것은 순식간이라는 것을 배웠다.

(중략)

다른 사람의 최대치에 나 자신을
비교하기보다는
내 자신의 최대치에 나를 비교해야 한다는
것을 나는 배웠다.

그리고 또 나는 배웠다.
인생은 무슨 사건이 일어났는가에
달린 것이 아니라
일어난 사건에 어떻게 대처하느냐에
달려 있다는 것을.
무엇을 아무리 얇게 베어낸다 해도
거기에는 언제나 양면이 있다는 것을
나는 배웠다.

나는 배웠다.

사랑하는 것과
사랑을 받는 것의 그 모두를.

Part 08

동적 메모리

동적 메모리 정의

개념

이제까지는 변수를 선언하는 시점에 메모리를 할당하였다. 최대 크기의 메모리를 할당받은 후 프로그램에서 할당받은 메모리를 모두 사용하지 않으면 낭비될 수밖에 없었다. 이를 방지하려면, 프로그램이 실행되는 과정에 동적으로 메모리를 할당하고 반납하는 함수가 필요하다. 동적 메모리 할당 함수 malloc()는 바이트 단위의 메모리 용량을 지정하는 인수를 받아서 해당 용량의 메모리를 할당한 후, 할당된 메모리의 포인터를 반환한다. 만약 해당 메모리 용량을 제공할 수 없을 경우에는 NULL을 반환한다. malloc()을 사용하여 할당된 메모리는 free()를 사용하여 반납한다(다시 사용하지 않는 영역으로 표시함). 인클루드 파일로서 <malloc.h>를 사용해야 한다.

아래에서 name은 8문자 크기 배열을 선언한 것과 유사한 효과를 갖는다(메모리를 비교해보면 약간의 차이는 있음). 단, char name[8]은 정적 메모리 할당이고 아래는 동적 메모리 할당이다.

```
char *name;
name = malloc(8);
```

다음 소스를 보면 malloc() 호출 시 메모리 용량을 인수로 넘겨야 하는데, 그 크기를 모를 때는 sizeof() 함수를 사용한다. (int *)는 할당받은 포인터 주소가 정수를 가리키도록 일시변환(casting)시키는 것이다(casting이란 일시적으로 자료형을 변환시키는 명령어로서 변환하고자 하는 값 앞에 원하는 자료형을 괄호로 묶어서 사용한다).

```
#include <stdio.h>
#include <malloc.h>
void main(void)
{
```

```
    int *i;
    i = (int *)malloc(sizeof(int));
    *i= 20;
    printf("%d... %d\n", *i, i);
    free(i);
}
```

20... 4391008

포인터는 선언 → 연결 → 사용의 순서를 거친다. 이제까지는 다른 변수의 주소를 넣어 해당 변수를 가리키도록 연결하였다. 그러나 메모리 동적할당 함수 malloc()를 이용하면 다른 변수가 아니라 즉시 메모리를 할당한 후 연결하는 것이 가능하다.

핵 / 심 / 정 / 리 /

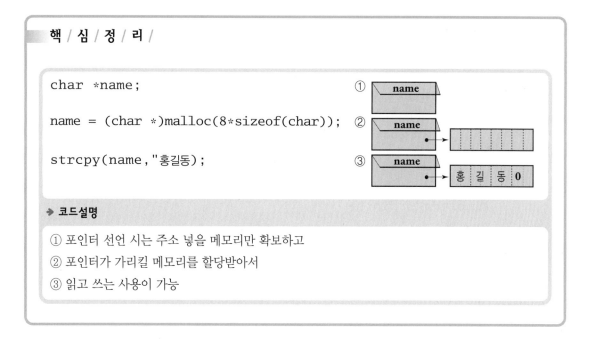

➡ **코드설명**

① 포인터 선언 시는 주소 넣을 메모리만 확보하고
② 포인터가 가리킬 메모리를 할당받아서
③ 읽고 쓰는 사용이 가능

문제

1. 다음 소스에서 today를 제거하고 day_p가 직접 메모리를 동적 할당받도록 수정하여라.

```
#include<stdio.h>
struct date_type { int year;
                   int month;
                   int day;   };
void main(void)
{ struct date_type today, *day_p;
  day_p = &today;
  scanf("%d%d%d",&day_p->year,&day_p->month,&day_p->day);
  printf("%d %d %d ₩n", day_p->year,day_p->month,day_p->day);
}
```

◆ 실행결과

1999 12 1
1999 12 1

2. 다음 소스에서 today를 제거하고 day_p가 직접 메모리를 동적 할당받도록 수정하여라
(단, today가 배열이므로 day_p가 포인터 배열이어야 함).

```
#include<stdio.h>
struct date_type { int year;
                   int month;
                   int day;   };
void main(void)
{ struct date_type today[2], *day_p;
  int i;
  day_p = today;
  for (i=0;i<2;i++)
```

```
{ scanf("%d%d%d",&day_p->year,&day_p->month,&day_p->day);
    day_p++;
}
day_p = today;
for (i=0;i<2;i++)
{ printf("%d %d %d ₩n", day_p->year,day_p->month,day_p->day);
    day_p++;
}
}
```

➡ 실행결과

1999 12 1
2000 12 3
1999 12 1
2000 12 3

연결 리스트 정의

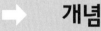 개념

연결 리스트란 구조체를 논리적으로 연결하여 목록을 만든 것이다(배열이 같은 자료형을 순서대로 나열하듯이) 구조체를 연결하기 위해 다음과 같이 자신과 같은 구조체를 가리키는 포인터를 멤버로 포함한다. 이런 단위 구조를 **노드**(node)라고 부르고, next는 다음 번 노드를 가리키게 된다.

```
struct person_type { char name[8];
                     int age;
                     struct person_type *next};
```

연결 리스트를 위한 구조체 선언을 하고, 구조체 포인터 한 개(person)와 구조체 세 개(man1, man2, man3)를 선언한다. 포인터의 초기값은 NULL이고, 아무것도 가리키지 않는 것을 의미한다. person은 첫 번째 구조체인 man1을 가리키게 하고, man1의 next로 man2를 가리키게 하고, 다시 man2의 next로 man3를 가리키게 하면 결국 person을 시작으로 연결 리스트가 완성된다. man3의 next는 초기값 그대로이고, 연결 리스트의 끝을 의미한다.

```
#include<stdio.h>
void main(void)
{
  struct person_type { char name[8];
                       int age;
                       struct person_type *next; } *person,
                       man1={"길동",23,NULL},
                       man2={"길순",34,NULL},
```

```
                           man3={"길자",40,NULL};
    person = &man1;
    man1.next=&man2;
    man2.next=&man3;
    while (person)
    { printf("이름 %s 나이 %d\n", person->name, person->age);
      person=person->next;
    }
}
```

→ 실행결과

이름 길동 나이 23
이름 길순 나이 34
이름 길자 나이 40

while 문에서 person은 다음 노드로 계속 이동하는데(person=person->next) 마지막 노드에서 person이 NULL이 되어 반복이 종료된다.

Memory 메모리 설명

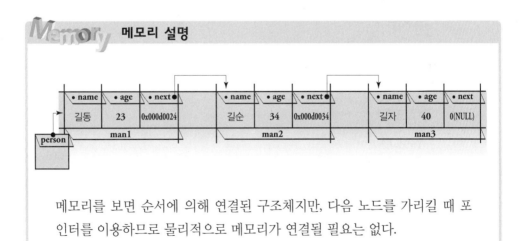

메모리를 보면 순서에 의해 연결된 구조체지만, 다음 노드를 가리킬 때 포인터를 이용하므로 물리적으로 메모리가 연결될 필요는 없다.

핵 / 심 / 정 / 리 /

```
struct person_type {char name[8];
                    int age;
                    struct person_type *next;} man1, man2;
man1.next=&man2;
man2.next=NULL;
```

→ 코드설명

연결리스트는 원하는 데이터들과 다음 노드 포인터를 멤버로 갖는다. 다음 노드 포인터는 자신과 동일한 구조체를 가리키는 포인터 변수이어야 한다(여기서 데이터는 name과 age이고 다음 노드 포인터는 next이다).

두 개의 구조체 변수를 선언하고, 한 개의 next 멤버에 다른 한 개의 주소를 넣어주면, 두 개의 구조체가 연결된 연결 리스트가 된다.

→ 문제

1. 연월일 구조체 세 개를 연결 리스트로 만들어서 입력받은 후 출력하는 코드를 작성하여라.

→ 실행결과

1999 12 1
2000 12 3
2001 12 5
1999 12 1
2000 12 3
2001 12 5

동적 메모리 연결 리스트

CHAPTER
03

개념

2장에서는 구조체 세 개를 선언하여 연결하였지만 일반적으로 연결되는 개수는 고정적이지 않다. 아래 소스는 구조체 변수를 미리 선언할 필요 없이 메모리를 동적으로 할당받도록 수정한 것이다. 구조체 포인터는 두 개가 필요한데, 첫번째는 항상 시작을 가리키는 것이고, 두 번째는 연결 리스트를 이동하면서 처리하기 위한 것이다. 한번 끝까지 이동한 후 다시 처음부터 처리하려면 반드시 시작 위치로 이동시켜야 한다.

```
#include<stdio.h>
#include<malloc.h>
#include<stdlib.h>
void main(void)
{ struct person_type { char name[8];
                       int age;
                       struct person_type *next; } *person,*head;
  int i;
  if((person = (struct person_type *)malloc(sizeof(struct person_type))) == NULL)
  {
     printf("Dynamic memory allocation Error!\n");
     exit(0);
  }
  scanf("%s%d",person->name, &person->age);
  head = person;
  /* (1) 첫 번째 구조체 할당 후 */
  for( i = 0; i < 2; i++)
```

```
{
if((person->next = (struct person_type *)malloc(sizeof(struct person_type))) == NULL)
{
   printf("Dynamic memory allocation Error!\n");
   exit(0);
}
scanf("%s%d",person->next->name, &person->next->age);
/* (2) (3) 두 번째 세 번째 구조체 할당 후 */
person = person->next;
}
person->next = NULL;
/* (4) 구조체 할당 완료 후 */
person = head;
/* (5) 구조체 읽기 전 시점 */
while (person)
{ printf("이름 %s 나이 %d\n", person->name, person->age);
   person=person->next;
}
}
```

➔ 실행결과

```
길동 23
길순 34
길자 40
이름 길동 나이 23
이름 길순 나이 34
이름 길자 나이 40
```

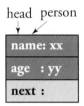 **메모리 설명**

앞의 소스에서 단계별로 동적할당되는 구조체의 생성 및 연결과정을 보여
준다. head는 시작을 가리키는 포인터이고, person은 이동하는 포인터
이다. 첫 번째 구조체 할당은 특수하여 반복 전에 1회 실시하고, 나머지는
반복적으로 next 포인터에 새로운 구조체를 할당한다. 앞의 소스의 순서
번호에 따라 메모리의 변화되는 모습을 보여준다.

1) 첫 번째 구조체 할당 후

head person

name: xx
age : yy
next :

2) 두 번째 구조체 할당 후

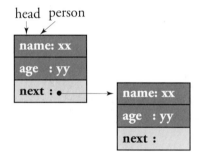

head person

3) 세 번째 구조체 할당 후

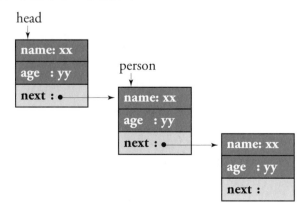

head

person

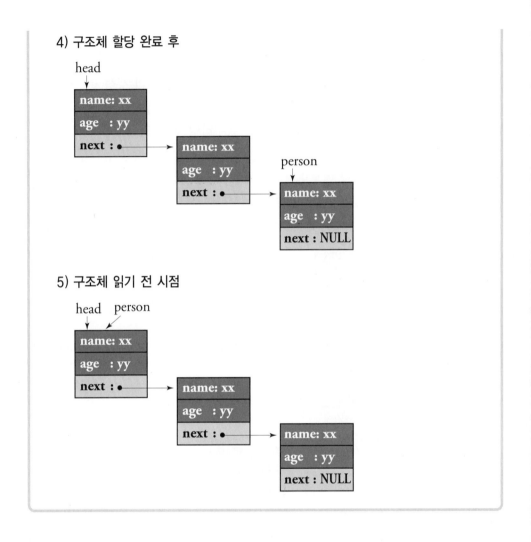

4) 구조체 할당 완료 후

5) 구조체 읽기 전 시점

확인

같은 자료형을 순서적으로 나열하여 처리하는 측면에서 배열과 연결 리스트는 유사하지만 다음과 같은 중요한 차이점을 갖는다.

1) 배열은 선언과 동시에 고정된 개수의 물리적으로 연결된 메모리를 할당한다. 선언 당시 실제로 얼마만큼 사용될지 모르기 때문에 최대 크기로 선언한다. 실제로 프로그램이 실행되면서 사용하지 않는 부분은 낭비가 된다. 반면에 연결 리스트는 물리

적으로 연결되지 않은 메모리를 포인터를 통해 실행과정에서 연결하기 때문에 메모리를 낭비하지 않는다. 개수를 미리 정하지 않아도 된다.

2) 연결 리스트는 순서를 동적으로 조절하는 것이 가능하다. 만약 배열의 경우는 4번과 5번 사이에 새로운 값을 넣으려면 5번에 넣고 6번 이후를 모두 한 칸씩 뒤로 밀어야 하는 번거로움이 있다. 삭제의 경우도 마찬가지이다. 반면 연결 리스트는 포인터 주소를 이용하기 때문에 다음을 가리키는 멤버만 수정하면 동적인 삽입과 삭제가 가능하다.

결론적으로 배열은 물리적으로 연결된 메모리를 정적으로 할당하는 것이고, 변경이 일어나는 시점에 삽입과 삭제의 번거로움이 있다. 연결 리스트는 물리적으로 연결되지 않은 메모리를(논리적인 연결이라고 말한다) 동적으로 할당하는 것이고, 변경이 일어나는 시점에 삽입과 삭제를 간편하게 처리할 수 있다. 연결 리스트가 메모리의 활용과 처리 측면에서 효과적이지만 코딩의 복잡함과 어려움은 감수해야 한다. 주로 시스템 프로그램에서 많이 활용된다.

핵 / 심 / 정 / 리 /

```
struct person_type *head, *person;
person=(struct person_type *)malloc(sizeof(struct person_type));
head=person;
...
for( ; ; )
{person->next=
     (struct person_type *)malloc(sizeof(struct person_type));
....
person=person->next;}
```

➡ 코드설명

포인터는 두 개(시작 포인터, 이동 포인터)

최초는 person에, 두 번째 이후는 person->next에 메모리 할당받음.

person=person->next로 이동함.

문제

1. 연월일 구조체 세 개의 연결 리스트를 동적 메모리 할당으로 생성하고 입력받아 출력하는 코드를 작성하여라.

> **실행결과**

```
1999 12 1
2000 12 3
2001 12 5
1999 12 1
2000 12 3
2001 12 5
```

2. 생성된 구조체 연결 리스트에서 시작 위치에 한 개의 구조체를 삽입하도록 빈칸을 채워라.

```c
#include <stdio.h>
#include <malloc.h>
#include <stdlib.h>
struct list { int num;
             struct list *next;};
void main(void)
{
  int i;
  struct list *head, *pt;
  // 연결 리스트의 첫번째 구조체의 할당
  if((head = (struct list *)malloc(sizeof(struct list))) == NULL)
  {
    printf("Dynamic memory allocation Error!\n");
    exit(0);
  }
```

```
scanf("%d", &head->num);
pt = head;
// 세 개의 구조체를 할당하여 연결 리스트에 연결 시킴
for( i = 1; i <= 3; i++)
{
if((pt->next = (struct list *)malloc(sizeof(struct list))) == NULL)
{
  printf("Dynamic memory allocation Error!\n");
  exit(0);
}
scanf("%d", &pt->next->num);
pt = pt->next;
}
pt->next = NULL;

// 삽입구조체 생성
```

```
                              ①
```

```
printf("삽입할 값 ? \n");
scanf("%d", &pt->num);
// 삽입하기
```

```
                              ②
```

```
// 연결 리스트를 순회하여 각 구조체의 멤버 num에 저장된 데이터 출력
pt=head;
while(pt)
{
  printf("pt->num = %d \n", pt->num);
  pt = pt->next;
}
}
```

➔ **실행결과**

> *2*
>
> *3*
>
> *4*
>
> *5*
>
> 삽입할 값 ?
>
> *6*
>
> pt->num = 6
>
> pt->num = 2
>
> pt->num = 3
>
> pt->num = 4
>
> pt->num = 5

3. 생성된 구조체 연결 리스트에서 시작 위치에 한 개의 구조체를 삭제하도록 빈칸을 채워라.

```c
#include <stdio.h>
#include <malloc.h>
#include <stdlib.h>
struct list { int num;
              struct list *next;};
void main(void)
{
  int i;
  struct list *head, *pt;
  // 연결 리스트의 첫번째 구조체의 할당
  if((head = (struct list *)malloc(sizeof(struct list))) == NULL)
  {
    printf("Dynamic memory allocation Error!\n");
```

```
      exit(0);
    }
    scanf("%d", &head->num);
    pt = head;
    // 세 개의 구조체를 할당하여 연결 리스트에 연결시킴
    for( i = 1; i <= 3; i++)
    {
       if((pt->next = (struct list *)malloc(sizeof(struct list))) == NULL)
       {
          printf("Dynamic memory allocation Error!\n");
          exit(0);
       }
    scanf("%d", &pt->next->num);
    pt = pt->next;
    }
    pt->next = NULL;


    //삭제하기
```

┌ ─ ┐
│   │
│   │
│   │
└ ─ ┘

```
    // 연결 리스트를 순회하여 각 구조체의 멤버 num에 저장된 데이터 출력
    pt=head;
    while(pt)
    {
       printf("pt->num = %d \n", pt->num);
       pt = pt->next;
    }
}
```

> **→ 실행결과**
>
> *2*
> *3*
> *4*
> *5*
> pt->num = 3
> pt->num = 4
> pt->num = 5

연결 리스트 활용

개념

다음 소스는 점수를 포함하는 구조체 세 개의 연결 리스트를 동적 메모리 할당으로 생성하고 출력하는 것이다. 여기서 노드가 삽입, 삭제되는 과정을 살펴보고자 한다(메모리 할당 결과를 확인하는 코드는 생략하였음).

```c
#include<stdio.h>
#include<malloc.h>
void main(void)
{ struct score_t { int score;
                    struct score_t *next; } *p_score, *head;
  int i;
  p_score=(struct score_t *)malloc(sizeof(struct score_t));
  scanf("%d",&p_score->score);
  head=p_score;
  for (i=0;i<2;i++)
  { p_score->next=(struct score_t *)malloc(sizeof(struct score_t));
    scanf("%d",&p_score->next->score);
    p_score=p_score->next;
  }
  p_score->next = NULL;
  p_score=head;
  while(p_score)
  { printf("%d\n",p_score->score);
    p_score=p_score->next;
  }
}
```

➡️ **실행결과**

```
10
20
30
10
20
30
```

연결 리스트를 생성한 시점의 메모리는 다음과 같다. 생성이 완료된 후 `p_score`를 다시 head로 옮겨서 순서대로 읽어가며 출력하거나 또는 원하는 일을 처리하면 된다.

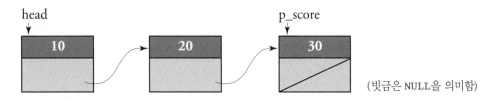

(빗금은 NULL을 의미함)

원하는 위치에 삽입 또는 삭제를 위해서는 기본적으로 세 개의 포인터가 필요하다. head와 현재 위치를 가리키는 포인터 외에 바로 전을 가리키는 포인터가 추가되어 세 개다. 원하는 위치를 찾으면 항상 그전 노드의 포인트를 이용해서 리스트의 순서를 바꾸기 때문이다. 현재 포인터와 그전 포인터는 다음 노드로 이동하면서 함께 변경된다.

1. 삽입

다음은 연결 리스트 생성이 완료되고 신규 노드를 생성한 시점이다. 삽입 시는 새로운 노드가 필요하므로 별도의 포인터에 메모리 할당을 해야 한다. 삽입할 노드의 값이 무엇인가에 따라 삽입될 위치가 정해진다(기존 연결 리스트는 정렬되어 있다고 가정하자).

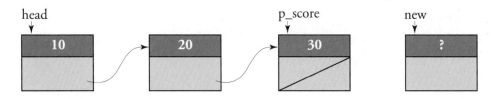

다음은 삽입 작업을 위한 출발시점이다. 시작할 때는 세 개의 포인터가 모두 head를 가리킨다. head는 맨 앞을 가리키는 포인터이고, p_score는 현재를 가리키는 포인터이며, bp_score는 바로 전을 가리키는 포인터이다.

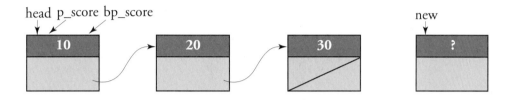

| case 1: 맨 앞에 삽입되는 경우 |

다음은 삽입된 값이 5니까 첫 번째 노드의 값인 10보다 적어서 맨 앞에 삽입되는 경우이다. 값을 비교하여 위치를 찾은 후, 현재 포인터 p_score가 head와 같은지를 비교하면 맨 앞 삽입 상황임을 알 수 있다. new->next가 p_score를 가리키게 하고 head가 new를 가리키게 한다.

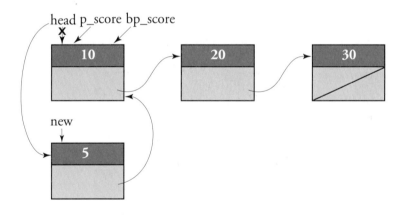

| case 2: 중간에 삽입되는 경우 |

다음은 삽입된 값이 15니까 첫 번째와 두 번째 사이로서 중간에 삽입되는 경우이다. 값을 비교하여 위치를 찾은 후, 현재 포인터 p_score가 head와 같지 않으면 중간 삽입 상황임을 알 수 있다. new->next가 p_score를 가리키게 하고 bp_score->next가 new를 가리키게 한다.

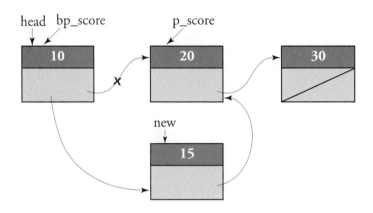

| case 3: 맨 끝에 삽입되는 경우 |

다음은 삽입된 값이 40으로서 맨 끝에 삽입되는 경우이다. 이 경우는 값을 비교하여 위치를 찾은 결과 p_score가 NULL을 가리키면서 종료되어 마지막 위치 삽입임을 알 수 있다. bp_score->next가 new를 가리키게 하고 new->next를 NULL로 하면 된다.

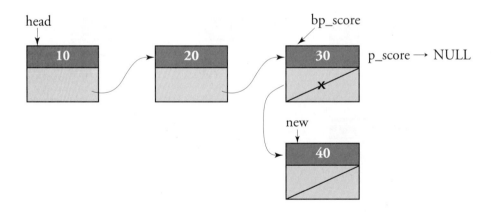

2. ▮▮▮▮ 삭제

다음은 연결 리스트 생성이 완료되고 삭제할 값을 입력받은 시점이다. 삭제 시는 새로운 노드가 필요하지 않으므로 해당 값만 입력받으면 된다.

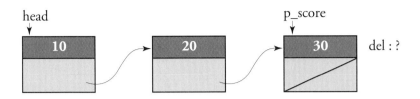

다음은 삭제 작업을 위한 출발 시점이다. 시작할 때는 세 개의 포인터가 모두 head를 가리킨다. head는 맨 앞을 가리키고, p_score는 현재 위치를, bp_score는 바로 전을 가리키는 포인터이다. 삭제 또는 수정의 경우는 값이 같은지를 비교하면서 삭제할 노드를 찾는다.

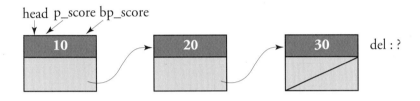

| case 1: 맨 앞 노드가 삭제되는 경우 |

다음은 삭제할 값이 10이므로 맨 앞의 노드를 삭제하는 경우이다. 찾은 위치에서 p_score와 head가 같은지를 비교하여 맨 앞임을 확인한다. head가 head->next를 가리키도록 이동시키고 p_score를 free()로 반납한다.

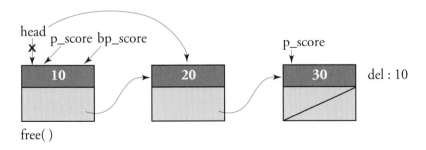

| case 2: 중간 또는 맨 끝 노드가 삭제되는 경우 |

다음은 삭제할 값이 20이므로 중간 노드를 삭제하는 경우이다. 찾은 위치에서 p_score와 head가 같지 않은가를 비교하여 중간임을 확인한다. bp_score->next를, p_score->next를 가리키도록 이동시키고, p_score를 free()로 반납한다. 삭제할 값이 30이어서 맨 끝의 노드를 삭제하는 경우에도 절차가 동일하다.

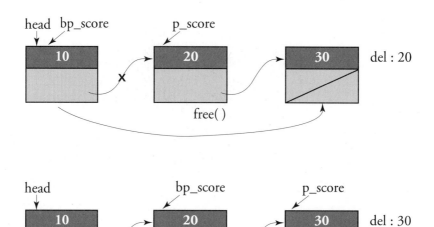

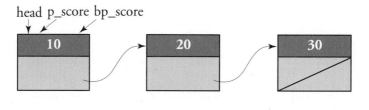

핵 / 심 / 정 / 리 /

연결 리스트의 삽입/ 삭제를 위해서는 세 개의 포인터가 필요하다. head는 맨 앞을 가리키고, p_score는 현재를, bp_score는 바로 전을 가리키는 포인터이다. 삽입 시는 맨 앞, 중간, 맨 끝의 세 가지 처리 방법이 있고, 삭제 시에는 맨 앞, 중간과 맨 끝의 두 가지 처리방법이 있다.

→ **문제**

1. 점수 세 개를 작은 것부터 크기 순서대로 입력받아 연결 리스트로 생성한 후 새로운 점수를 입력받고 해당 위치에 삽입하도록 코드의 빈칸을 완성하여라. 본문의 그림을 참고한다.

```c
#include <stdio.h>
#include <stdlib.h>
#include <malloc.h>
void main(void)
{ struct score_t { int score;
                   struct score_t *next; } *p_score, *head, *new, *bp_score;
  int i;
  p_score=(struct score_t *)malloc(sizeof(struct score_t));
  scanf("%d",&p_score->score);
  head=p_score;
  for (i=0;i<2;i++)
  { p_score->next=(struct score_t *)malloc(sizeof(struct score_t));
    scanf("%d",&p_score->next->score);
    p_score=p_score->next;
  }
  p_score->next = NULL;
  printf("Enter add score : ");
```

```
                              ①
```

```c
  p_score=bp_score=head;
  while(p_score)
  { if(new->score <= p_score->score)
```

```
                            ②




        bp_score=p_score;
        p_score=p_score->next;
    }
    if (!p_score)


                            ③


    p_score=head;
    while(p_score)
    { printf("%d\n",p_score->score);
        p_score=p_score->next;
    }
}
```

➔ 실행결과

30
40
50
Enter add score : *35*
30
35
40
50
(이 경우는 30과 40 사이이니까 그곳에 삽입됨)

2. 점수 세 개를 작은 것부터 크기 순서대로 입력받아 연결 리스트로 생성한 후 삭제하고자
하는 점수를 입력받아 삭제하도록 코드의 빈칸을 완성하여라. 본문의 그림을 참고한다.

```
#include <stdio.h>
#include <stdlib.h>
#include <malloc.h>
void main(void)
{ struct score_t { int score;
                    struct score_t *next; } *p_score, *head,*bp_score;
  int i, del;
  p_score=(struct score_t *)malloc(sizeof(struct score_t));
  scanf("%d",&p_score->score);
  head=p_score;
  for (i=0;i<2;i++)
  { p_score->next=(struct score_t *)malloc(sizeof(struct score_t));
    scanf("%d",&p_score->next->score);
    p_score=p_score->next;
  }
  p_score->next = NULL;
  printf("Enter delete score :");
                              ①
  p_score=bp_score=head;
  while(p_score)
  { if(del == p_score->score)



                              ②


```

```
      bp_score=p_score;
      p_score=p_score->next;
   }
   p_score=head;
   while(p_score)
   { printf("%d\n",p_score->score);
      p_score=p_score->next;
   }
}
```

```
30
40
50
Enter delete score : 50
30
40
```
(이 경우는 맨 끝이 삭제됨)

종합문제

1. 다음 소스를 실행하여 '1.입력'을 선택하면 오류가 발생한다. 오류의 원인을 찾아서 수정하여라. 단, 구조체 포인터 배열은 그대로 사용한다(5부의 구조체 종합문제에서는 원인만 찾는 것이었음).

```
#include <stdio.h>
#include <stdlib.h>
#include <string.h>
#include <malloc.h>
struct person { char name[12];
                char tel[14];
                int age; };
void put_person(void);
void get_person(void);
void find_person(void);
struct person *p[50];
int cnt=0;
void main(void)
{ int menu;
  do
  { printf("Enter Menu : (1:입력 2:출력 3:검색 4:종료)");
    scanf("%d",&menu);
    switch (menu)
    { case 1 : put_person();
               break;
      case 2 : get_person();
               break;
```

```
            case 3 : find_person();
                     break;
        default : printf("종료\n");
      }
    }
  while (menu == 1 || menu == 2 || menu == 3);
}
void put_person(void)
{ int i;
  printf("이름, 전화, 나이를 입력하시오 (0:종료)\n");
  for (i=cnt;i<50;i++)
  { fflush(stdin);
    gets(p[i]->name);
    if (p[i]->name[0]=='0') break;
    gets(p[i]->tel);
    scanf("%d",&p[i]->age);
    printf("Next Person ..\n");
  }
  cnt=i;
}
void get_person(void)
{ int i;
  printf("%-12s %-16s %-4s\n","이름", "전화", "나이");
  for (i=0;i<cnt;i++)
    printf("%-12s %-16s %-4d\n",p[i]->name,p[i]->tel,p[i]->age);
}
void find_person(void)
{ int find=0,i;
  char name[12];
  fflush(stdin);
  printf("찾는사람 이름 :");
```

```
    gets(name);
    printf("%-12s %-16s %-4s\n","이름", "전화", "나이");
    for (i=0;i<cnt;i++)
      if (strcmp(name,p[i]->name)==0)
      { printf("%-12s %-16s %-4d\n",p[i]->name,p[i]->tel,p[i]->age);
        find=1;
        break;
      }
    if (!find)
    printf("일치하는 데이터가 없음\n");
}
```

2. 세 개 점수의 연결 리스트를 파일로 저장하도록 빈칸을 완성하여라.

```
#include <stdio.h>
#include <stdlib.h>
#include <malloc.h>
void main(void)
{ struct score_t { int score;
                   struct score_t *next; } *p_score, *head;
  int i;
  FILE *fp;
  if ((fp=fopen("link","wb")) == NULL)
  { printf("can't open link \n");
    exit(0);
  }
  p_score=(struct score_t *)malloc(sizeof(struct score_t));
  scanf("%d",&p_score->score);
  head=p_score;
  for (i=0;i<2;i++)
  { p_score->next=(struct score_t *)malloc(sizeof(struct score_t));
```

```
    scanf("%d",&p_score->next->score);
    p_score=p_score->next;
  }
  p_score->next = NULL;
  p_score=head;
  while(p_score)
  {

  ┌─────────────────────────────────────────┐
  │                                         │
  │                                         │
  └─────────────────────────────────────────┘

  p_score=p_score->next;
  }
  fclose(fp);
}
```

➡ 실행결과

```
30
40
50
```

3. 2번에서 파일로 저장된 데이터를 읽어서 연결 리스트에 넣고 출력하도록 빈칸을 완성하여라.

```c
#include <stdio.h>
#include <stdlib.h>
#include <malloc.h>
void main(void)
{ struct score_t { int score;
          struct score_t *next; } *p_score, *head;
  FILE *fp;
  if ((fp=fopen("link","rb")) == NULL)
  { printf("can't open link \n");
```

```
      exit(0);
   }
   p_score=(struct score_t *)malloc(sizeof(struct score_t));
```

```
                              ①
```

```
   head=p_score;
   while (!feof(fp))
   { p_score->next=(struct score_t *)malloc(sizeof(struct score_t));
```

```
                              ②
```

```
   }
   p_score->next = NULL;
   p_score=head;
   while(p_score)
   { printf("%d\n",p_score->score);
      p_score=p_score->next;
   }
   fclose(fp);
}
```

➔ 실행결과

```
30
40
50
```

Let this book change you
and you can change the world!

고통은 일시적이다. 일 분, 아니면 한 시간, 하루, 일 년 동안 지속될 수 있다.
하지만 결국 **고통**은 잦아들고, 그 자리를 다른 것이 메우게 된다.
하지만 **고통**과의 싸움을 중간에 그만두면 **고통**은 영원히 지속된다.
고통에 항복하면 **고통**은 평생 나를 따라 다닌다.
그래서 중간에 그만두고 싶을 때면 나는 자신에게 묻는다.

무엇과 함께 살아가고 싶냐고.

랜스 암스트롱의 《이것은 자전거 이야기가 아닙니다》 중에서

Appendix

해답편

프레임

CH 01 프로그래밍 절차 (5쪽)

1.

① 토요일이 이번 주인가, 다음 주인가? 정확히 언제인가?

② 명단에는 부서별로 나열할 것인가, 오래 근무한 순서로 나열할 것인가? 순서의 기준은 무엇인가?

2.

단순 또는 고급계산기?	→	(단순계산기)
필요한 연산자?	→	(+, -, *, /, '환율변환')
환율변환은 어느 나라?	→	(미국, 일본, 중국)
표현단위는 소수 이하 몇 자리?	→	(2자리)

다
이
얼
로
그

 범생 이것 써봐. 내가 만든 거야.

 날리 진짜? 우와! 신기하네. 어? 그런데 곱셈 눌렀는데 덧셈이 되네.

 범생 앗! 테스트 미진. 다시 해 올게. (한참 후) 다시 해봐.

날리 좋아. 어? 또 이상해. 나눗셈할 때 0으로 나누니까 꺼져버리네.

범생 뭐? 야, 날리야. 정확한 값만 눌러야지. 0으로 어떻게 나눠?

 샘 범생아, 사용자는 아무거나 마구 누를 수 있다고 생각해야 해.

범생 에고, 어렵네. (잠시 후 다시 나타남)

 날리 와! 이젠 잘 되네. 너무 좋다. 그런데 제곱도 나오게 해 주면 안 되나?

 범생 그건 좀…. (긁적긁적) 개발 명세서를 보면서 다음 버전을 만들어 볼게.

CH 02 **논리 설계: 일반 순서도** (11쪽)

1.

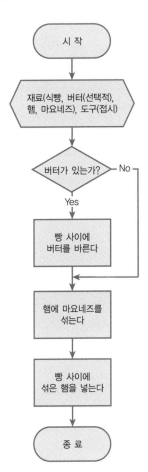

다·이·얼·로·그

 범생 그런데 샘, 왜 버터가 없을 땐 아무 일도 안 하나요? 아까 순서도에는 있었는데.

 샘 그건 말이지. 질문에 Yes 답일 때만 할 일이 있는 거지. 그러니까 (빵밖에 없을 때) '빵 먹고 싶니?'라고 물을 때 '네' 하면 '먹어!' 그러는 거고, '아니오' 하면 그땐 먹을 게 없으니까 아무 일도 일어나지 않는 거지.

 범생 그럼, 거꾸로 Yes일 때 할 일이 없고, No일 때만 할 일이 있을 수도 있나요?

 샘 당근이지. 이렇게 물으면 되겠네. 같은 경우에 '빵 안 먹고 싶니?'라고 물으면 '예' 하면 할 일이 없는 거고, '아니오, 하면 '먹어' 하는 거지. 안 되겠다. 그려서 보여 줄게.

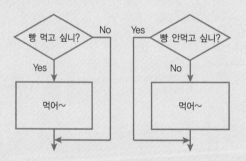

 날리 와우~! 샌드위치 먹고 싶다. (꼬르륵~)

394

CH 03   논리 설계: 프로그램 순서도 (16쪽)

1.

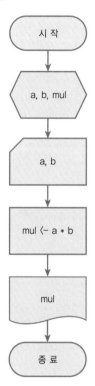

프로그램 번역: 출력 프로그램 코딩과 번역 (25쪽)

다음의 프로그램을 돌려보면서 개발도구에 익숙해지도록 한다('소스수정 → 컴파일 → 빌드
→실행'의 반복).

1.

```c
#include <stdio.h>
main()
{
    printf ("내가 넣고 싶은 내용 아무거나");
}
```

◆ 실행결과

내가 넣고 싶은 내용 아무거나

2.

```c
#include <stdio.h>
main()
{
    printf ("내가 넣고 싶은 내용 아무거나");
    printf ("내가 넣고 싶은 내용 아무거나");
}
```

◆ 실행결과

내가 넣고 싶은 내용 아무거나내가 넣고 싶은 내용 아무거나

3.

```
#include <stdio.h>
main()
{
    printf ("내가 넣고 싶은 내용 아무거나\n");
    printf ("내가 넣고 싶은 내용 아무거나\n");
}
```

➡ **실행결과**

내가 넣고 싶은 내용 아무거나
내가 넣고 싶은 내용 아무거나

4.

```
#include <stdio.h>
main()
{
    printf ("내가 넣고 싶은 내용 아무거나\n\n\n");
    printf ("내가 넣고 싶은 내용 아무거나\n");
}
```

➡ **실행결과**

내가 넣고 싶은 내용 아무거나

내가 넣고 싶은 내용 아무거나

5.

```
#include <stdio.h>
main()
{
    printf ("여러분은\n이미\n많은 내용을\n배운거나\n마찬가지입니다\n");
}
```

→ 실행결과

여러분은
이미
많은 내용을
배운거나
마찬가지입니다

6.

```
#include <stdio.h>
main()
{
    printf("\t여러분은\n\t이미\n\t많은 내용을\n\t배운거나\n\t마찬가지입니다\n");
}
```

→ 실행결과

여러분은
이미
많은 내용을
배운거나
마찬가지입니다

CH 05 프로그램 코딩: 변수의 사용 (34쪽)

1.

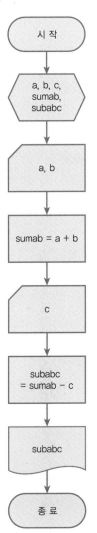

2.

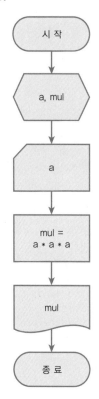

시 작

↓

a, mul

↓

a

↓

mul =
a * a * a

↓

mul

↓

종 료

CH 06 **프로그램 코딩: 입출력 함수** (45쪽)

1.

1) DFD

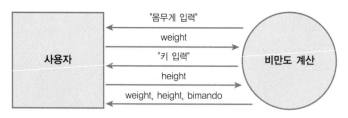

DFD는 프로세스들 간의 데이터 흐름을 기술하는 데 사용되는 도형식 표현법을 말한다. 구조적 분석기법에서 중요한 도구로 사용된다. 프로그램을 동그라미 프로세스로, 사용자를 네모 종단점으로, 입출력 데이터를 화살표로 표시한다.

2) 순서도

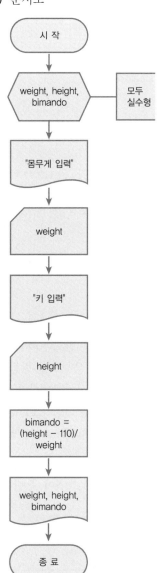

```
#include <stdio.h>
main()
{
    float weight, height, bimando;
  1 printf ("몸무게를 입력하여라\n");
  2 scanf ("%f", &weight);
  3 printf ("키를 입력하여라\n");
  4 scanf ("%f", &height);
  5 bimando = (height - 110) / weight;
  6 printf("몸무게는 %.0fkg이고 키는 %.0fcm이므로 당신의 비만도는 %.2f입니다 \n",
    weight, height, bimando);
}
```

※ **설명:** 세 가지 변수를 모두 정수형 선언을 하게 되면, 비만도가 정수로 나와서 정확도가 떨어진다(비만도 1). 몸무게와 키는 정수로 두고 비만도만 실수 선언을 해도 정수형 간의 계산이므로 정확도가 떨어진 정수값을 실수로만 변환해서 나온다(비만도 1.00000). 따라서 세 가지 변수를 모두 실수형 선언해야 한다. 이 때 %.2f로 소수 이하 출력 자리수를 정한다(비만도 1.26). 실수형 선언을 float이 아닌 double로 하는 경우는 입력에서만 "%lf"로 수정하면 된다(scanf("%lf",&weight);).

아래 표에서 step은 위의 소스 안에 적은 줄 번호이다. 줄 단위로 수행되고 나서 변수, 화면의 변화를 해당 칸에 기록한다. 프로그램이 줄 단위로 수행되는 과정을 한눈에 볼 수 있다.

step	weight	height	bimando	화면출력	화면입력
1				몸무게를 입력하여라	
2	47.0				47
3	47.0			키를 입력하여라	
4	47.0	169.0			169
5	47.0	169.0	1.255319		
6	47.0	169.0	1.255319	몸무게는 47kg이고 키는 169cm이므로 당신의 비만도는 1.26입니다	

CH 07 종합문제 (47쪽)

1.

```
#include <stdio.h>                  /* 표준입출력 선언부 포함 */
main()                             /* 문패와 같은 것. 메인함수 */

{
  int a, b;                        /* 변수준비, int, float, double, char 중 하나 사용 */


  scanf ("%d", &a);                /* 값을 사용자로부터 입력받아서 넣기 */
  b = a + 10;                      /* a 변수값 꺼내서 10을 더해 b변수에 값 넣기 */
  printf ("Result: %d %d\n", a, b); /* 화면에 변수a와 b출력하기 */

}
```

2.

1)

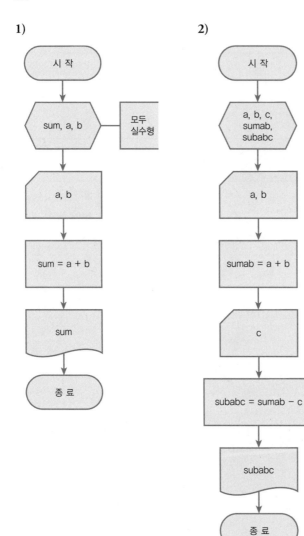
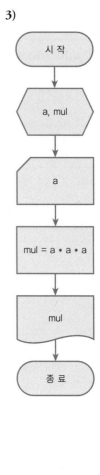

2)

3)

1)

```
#include <stdio.h>
main()
{
  int a, b, sum;
  /* sum은 a+b를 넣기 위함 */
  scanf ("%d%d", &a, &b);
  sum = a + b; //합을 sum에 넣음
  printf ("%d", sum);
}
```

➜ 실행결과

```
10
5
15
```

2)

```
#include <stdio.h>
main()
{
  int a, b, c, sumab, subabc;
  scanf ("%d%d", &a, &b);
  sumab = a + b;
  scanf ("%d", &c);
  subabc = sumab - c;
  printf ("%d", subabc);
}
```

➜ 실행결과

```
10
5
4
11
```

3)

```
#include <stdio.h>
main()
{
    int a, mul;
    scanf ("%d", &a);
    mul = a * a * a;
    printf ("%d", mul);
}
```

➡ 실행결과

3
27

3.

오류해설

line1   변수는 반드시 선언하고 사용함 → a 추가함(line4에서 a 오류)

line2, 3   변수이름은 영문 대소문자와 숫자와 _만 가능함(단, 숫자로 시작 안 됨. 영문 대소문자 구분함)

line4   '좌 = 우'의 명령어에서는 우측을 좌측에 넣으라는 의미임. 좌측은 반드시 한 개의 변수이어야 함 → 좌우 변경

line4, 5   값을 쓰는 것과 읽는 것의 순서 맞추어야 함. 입력받아서 사용해야 하니까 → line4, 5 순서 변경

line5   입력함수에서 변수 앞에 &를 넣어야 함

line6   명령문의 종료는 ; 또는 }이어야 함

line6   변수 형에 맞는 값을 넣어야 함 → 실수화

line8   선언부인데 명령부 안에 포함되어 있으니 앞으로 이동할 것(선언부는 line1, 2)(선언부 안에서의 순서는 상관없음)

line9   상수는 값을 의미함. 숫자는 그대로 사용하고 문자는 ' '로 묶어 줌

line10   출력함수에서 " " 안에 사용한 특수문자 사용은 오류가 아님

line10   특수문자 중에 %이 나오게 하려면 %%처럼 해야 함

line11   출력함수에서 변수값을 출력할 때 %의 개수와 순서는 뒤에 나열되는 변수와 일치
          해야 함 → 마지막 변수용 형식지정자 한 개 추가

line11   이미 합산했으니까 그 결과를 사용하는 것이 바람직 → a + b를 sum으로 수정

line11   a + b는 정수니까 %d이어야 함

최종소스

```
#include <stdio.h>
main()
{
  int a, b, sum = 0;
  double num, times;
  char ch;
  b = 25;
  scanf ("%d", &a);
  sum = a + b;
  num = 10.2;
  times = num * 12.4;
  ch = 'A';
  printf (" 화이팅 아자 !!$%%^&*#!!\n");
  printf("변수출력%c,%d,%d,%d,%.2f", ch, a, b, sum, times);
}
```

➜ 실행결과

23
화이팅 아자 !!$%^&*#!!
변수출력 A, 23, 25, 48, 126.48

※ 오류 찾기 상세과정

1. 오류가 매우 많이 나온다. 우선 줄 번호가 있기 때문이다. 줄 번호는 설명하기 좋으라고 넣
은 것이므로 컴파일할 때는 빼야 된다.

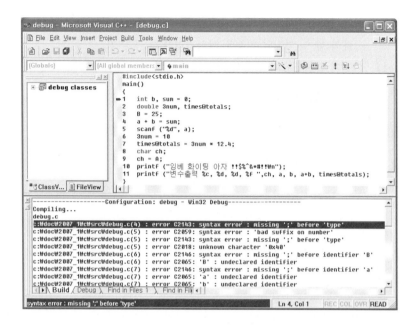

2. 첫째 줄의 오류를 보면 'bad suffix on number'라고 나온다. '앞자리 번호가 틀리다'라는 뜻이다. 3num이 변수이름 짓는 규칙을 어겼기 때문이다(번호로 시작하면 안 됨). 그래서 번호를 빼는데 해당 변수가 나오는 부분 모두 고쳐야 한다(세 곳).

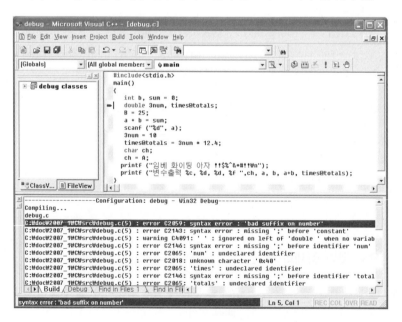

3. 'unknown character' 이게 뭘까? 해당 줄을 살펴보자. 역시 변수이름 짓는 규칙이 틀렸다. 특수문자를 사용한 경우이다. 하지만 딱 하나의 특수문자는 가능하다. 언더바(_). 그래서 여기서도 @를 언더바(_)로 고치자. 역시 세 곳이다.

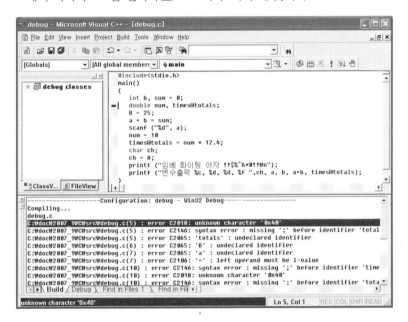

4. 'undefined identifier' 선언 안 된 변수란다. B가 선언이 되지 않았나? 선언부를 보니까 b로 선언되어 있다. 대소문자가 구분되므로 통일해야 한다. B를 b로 변경하자.

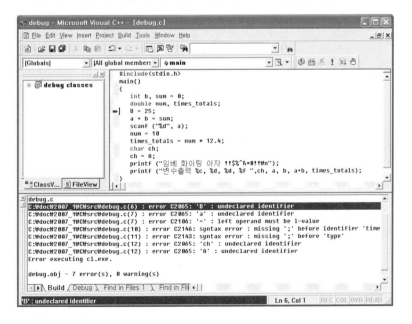

5. 마찬가지로 선언 안 된 변수라는 오류가 또 있다. 실제로 a는 선언부에 없다. int b 부분에서 a를 추가하면 된다. int a, b;

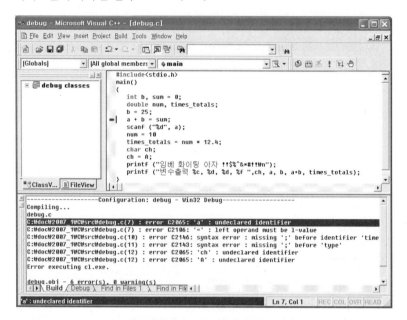

6. 할당문의 왼쪽은 변수이어야 한다. 할당문은 우측의 결과값을 좌측에 넣는 것이다. 여기서는 좌우가 바뀐 셈이다. sum = a + b로 고치자.

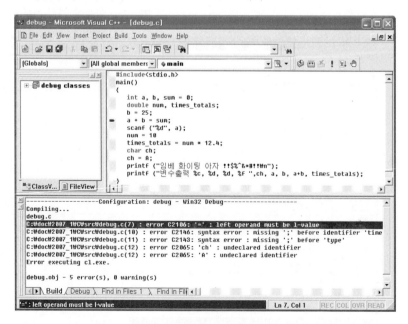

7. ;가 누락되었다고 한다. 가장 흔한 오류이다. 해당 줄을 보니까 ;이 있는데. 그 전 줄이 문제였다. 그러니까 앞으로 주변도 함께 살피도록 한다. num = 10;

8. ;가 없다는 마찬가지 오류가 나오지만 아무리 살펴도 ;이 없는 줄을 찾지 못하겠다. 그럼 일단 다음 오류를 살펴보자. 두 번째 줄은 ch가 선언 안 된 변수라고 한다. ch는 바로 윗줄에 선언되어 있는 것 같다. 그런데 잘 보면 그 위치가 잘못된 것이 보인다. 즉, 선언들이 모인 앞부분에 있어야 하는데 명령부 사이에 들어 있어서 올바르게 선언된 것으로 보지 않는 것이다. 그럼 그 줄을 선언들이 모인 둘째 줄 다음으로 옮기자. 그랬더니 두 가지 오류가 같이 없어졌다.

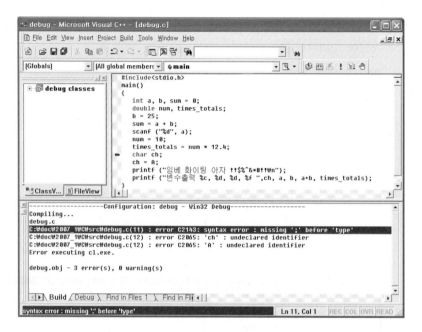

9. A가 선언 안 된 변수라고 하는데. 여기서 A는 단지 문자값으로 취급한 것인데 왜 변수라고 생각할까? 문자라는 표시를 안 했기 때문이다. 그러니까 'A'를 해주어야 한다. 한 글자는 ' '로 묶고 여러 글자는 " "으로 묶는다.

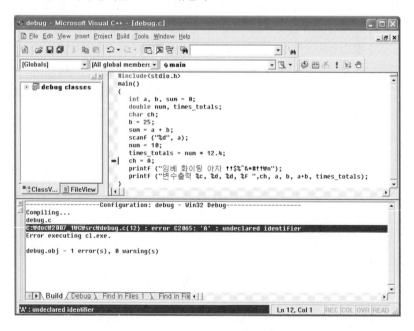

10. 이번엔 경고가 나왔다. 경고는 반드시 고쳐야 하는 건 아니지만 살펴보고 그 심각도를 생
각해보는 것이 좋다. 여기서는 초기화 없이 사용되었다고 경고를 한다. 입력문을 살펴보니
&a로 하지 않은 것이 보인다. 변수 앞 &가 누락이다. 또 소스를 살펴보면 a와 b를 더해서
sum에 넣는 명령문이 a에 입력을 받는 명령보다 앞에 나와 있는데, 이것도 잘못이다. 즉,
입력받고 사용해야 순서가 맞기 때문이다. 그래서 두 줄의 순서를 바꾸자.

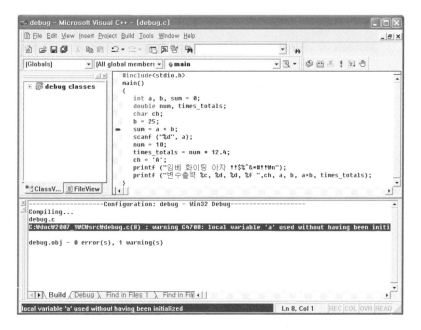

11. 이제 오류가 없어 수행은 했지만 결과가 올바르지 않다. 우선 a+b가 0으로 잘못 나오고
`times_totals`은 안 나온다. 해당 출력문을 살펴보니 a+b를 %f로 한 것이 오류이고,
`times_totals`는 아예 % 기호가 누락되었다. 실수는 소수 이하 두 자리만 나오도록 수
정하자.

```
printf ("변수출력%c, %d, %d, %d, %.2f", ch, a, b, a+b, times_totals);
```

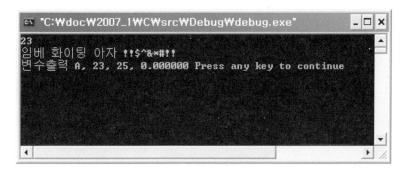

12. 이제 잘 나오는데 한 가지 이상한 것은 출력문에서 특수문자를 나열할 때 넣은 %가 안 나
온다. 이건 특수한 기능을 가진 문자니까 %% 해야 한다.

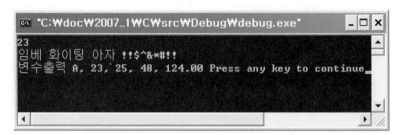

13. 이제 마지막 소스다. 그런데 마지막 출력문에서 a+b를 sum으로 고쳤다. 앞에 sum 변수
에 계산 값을 미리 넣어두었으니까 그걸 이용하는 게 효율적이기 때문이다.

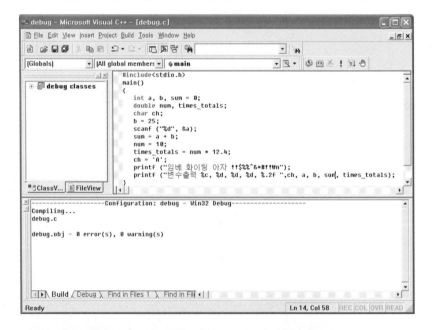

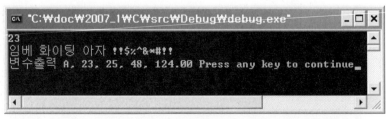

구 조

02

CH 01 　**일상 조건**(55쪽)

　　1.

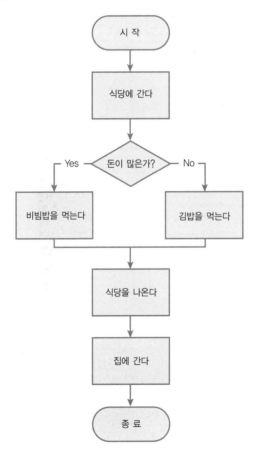

샘 근데 왜 아이들이 이것을 이해 못할까? 현실과 코딩의 차이? 코딩은 훨씬 더 명확해야 해. 현실에서는 어디로든 갈 수 있지만 컴퓨터는 정확히 지시하지 않으면 먹통이 된단다.

 범생 다음 그림도 조건문이 마구 들어있는데요. 이건 양 갈래로 나뉜 후 다시 묶이지 않고 제멋대로 가는데요?

 샘 맞아. 그러니까 이건 일상의 순서도일 뿐 프로그램 순서도가 될 수 없단다. 만약 프로그램을 이런 식으로 짰다가는 완전 스파게티 프로그램이 되는 거지. 왜 스파게티냐고? 어디서 시작하고 어디서 끝나는지 알 수가 없이 뒤엉켜 있으니까….

 날리 음, 나는 무슨 타입을 좋아할까? 일단 예뻐야겠고, 흠흠….

 범생 너도 참…. 순서도랑 비교하라고 가져 왔지. 넌 꼭 그런 식으로 새더라.

나는 처음 본 친구에게 어떤 인상을 줄까요?
지금부터 주니어 친구들의 첫 인상은 어떤지 알아보기로 해요.

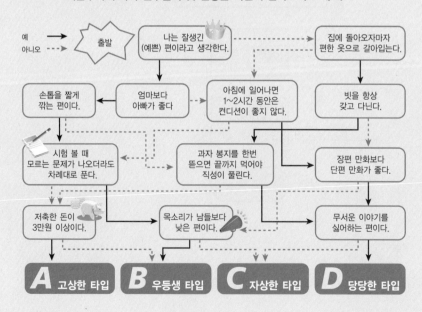

CH 02 기본 조건 (67쪽)

1.

```
#include <stdio.h>
main()
{
  int a,b;
  scanf("%d%d",&a,&b);
  if (a>b)
    printf("%d",a);
  else printf("%d",b);
}
```

➡ 실행결과

```
3
4
4
```

CH 03 중첩 조건 (75쪽)

1.

코딩 1

```
   #include <stdio.h>
   main()
   {
     int a;
1    scanf("%d",&a);
2    if (a>=90)
3      printf("A");
4    else if (a>=80)
5            printf("B");
```

```
6        else if (a>=70)
7                printf("C");
8            else if (a>=60)
9                    printf("D");
10                   else printf("F");
}
```

디버깅 1(F: 거짓, T: 참)

step	a	a>=90	a>=80	a>=70	a>=60	화면 출력	화면 입력
1	75						75
2		F					
4			F				
6				T			
7						C	

step	a	a>=90	a>=80	a>=70	a>=60	화면 출력	화면 입력
1	55						55
2		F					
4			F				
6				F			
8					F		
10						F	

코딩 2

```
#include <stdio.h>
main()
{
   int a;
1  scanf("%d",&a);
2  if (a>=70)
```

```
3      if (a>=80)
4         if (a>=90)
5            printf("A");
6         else printf("B");
7      else printf("C");
8  else if (a>=60)
9            printf("D");
10        else printf("F");
}
```

디버깅 2(F:거짓, T:참)

step	a	a)=90	a)=80	a)=70	a)=60	화면 출력	화면 입력
1	75						75
2				T			
3			F				
9						C	

step	a	a)=90	a)=80	a)=70	a)=60	화면 출력	화면 입력
1	55						55
2				F			
10					F		
12						F	

CH 04 **일상 반복**(80쪽)

1.

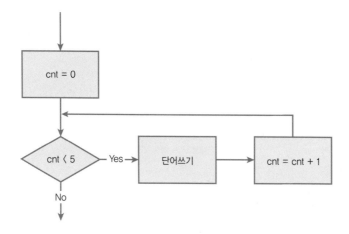

2.

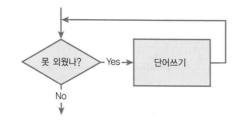

CH 05 **기본 반복**(93쪽)

1.

```
#include<stdio.h>
main()
{ int a,b;
   scanf("%d%d",&a,&b);
   printf("%d,",a+b);
}
```

➜ 실행결과

```
3
4
7
```

2.

```c
#include<stdio.h>
main()
{ int a, b, cnt;
  cnt=0;
  while (cnt < 5)
  { scanf("%d%d",&a,&b);
    printf("%d\n",a+b);
    cnt = cnt +1;
  }
}
```

```c
#include<stdio.h>
main()
{ int a, b, cnt;
  for (cnt=0;cnt < 5;cnt = cnt +1)
  { scanf("%d%d",&a,&b);
    printf("%d\n",a+b);
  }
}
```

➜ 실행결과

```
3 4
7
5 6
11
1 2
3
7 8
15
5 6
11
```

밑줄 부분은 1번 문제의 소스인데, 반복이 아닐 때와 반복일 때 어떤 부분이 변화되는지 살펴보라고 표시하였다. 반복문을 코딩할 때는 반복이 아닐 때를 먼저 코딩하고 단계적으로 확장해갈 수 있음을 보여주고자 두 가지 문제를 연결시켰다.

CH 06 반복 응용 (105쪽)

1.

```
#include<stdio.h>
main()
{
   int a,b,mul=1;
   scanf("%d%d",&a,&b);
   while (b>0)
   { mul=mul*a;
     b=b-1;
   }
   printf("result is %d",mul);
}
```

▶ 코드설명

반복횟수로 두 번째 입력변수를 활용함. 반복할 때마다 1씩 감소시켜서 0이 될 때까지
반복하도록 함.

2.

```
#include<stdio.h>
main()
{ float num;
   int cnt;
   for (cnt=0; cnt<5; cnt++)
   { scanf("%f",&num);
     if (num > 0)
        printf ("양수\n");
   }
}
```

3.

```
#include<stdio.h>
main()
{ float num;
  int rep=1;
  while (rep==1)
  { scanf("%f",&num);
    if (num > 0)
       printf ("양수\n");
    printf("Again ? \n");
    scanf("%d",&rep);
  }
}
```

CH 07 **기타 명령** (115쪽)

1.

빈칸에 아무것도 넣지 않는다.

※ **설명:** 아무 명령이 없고 break도 없기 때문에 내려가서 case 1의 명령문을 동일하게 수행하게 된다.

2.

number/10

CH 08 **종합문제** (117쪽)

1.

```
#include<stdio.h>
main()
{ int a,b;
  scanf("%d%d",&a,&b);
```

```
    if (b!=0)
        printf("%d",a/b);
}
```

2.

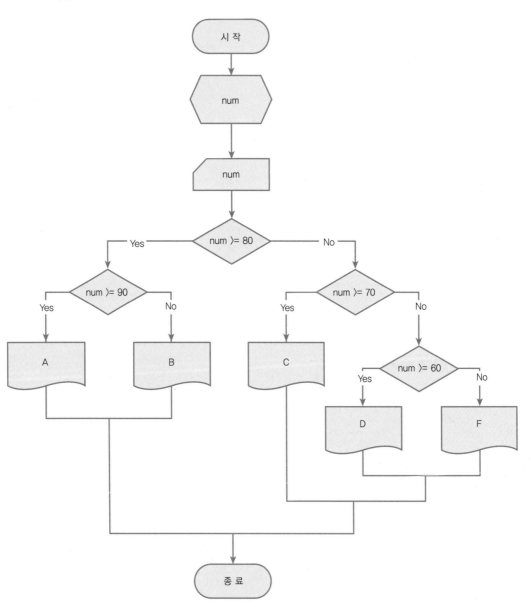

```
#include<stdio.h>
main()
{  int num;
   scanf("%d",&num);
   if (num>=80)
     if (num>=90)
        printf("A");
     else printf("B");
   else if (num>=70)
          printf("C");
        else if (num>=60)
                printf("D");
             else printf("F");
}
```

3.

case1 : if

```
#include<stdio.h>
main()
{  char type;
   int price=0;
   scanf("%c",&type);
   if (type == 'A')
      price=500;
   else if (type == 'B')
          price=1000;
        else if (type == 'C')
                price=2000;
             else printf("입력오류\n");
   printf("type:%c, price:%d",type,price);
}
```

case2 : switch

```c
#include<stdio.h>
main()
{ char type;
  int price=0;
  scanf("%c",&type);
  switch (type)
  { case 'A': price=500; break;
    case 'B': price=1000; break;
    case 'C': price=2000; break;
    default : printf("입력오류\n");
  }
  printf("type:%c, price:%d",type,price);
}
```

4.

```c
#include<stdio.h>
main()
{ int money,total=0, rep=1;
  while (rep==1)
  { scanf("%d",&money);
    total=total+money;
    printf("%d\n",total);
    scanf("%d",&rep);
  }
}
```

5.

case1:

```
#include<stdio.h>
main()
{ int money,total=0;
  scanf("%d",&money);
  total=total+money;
  while (total>0)
  { printf("%d\n",total);
    scanf("%d",&money);
    total=total+money;
  }
}
```

case2:

```
#include<stdio.h>
main()
{ int money,total=0;
  do
  { scanf("%d",&money);
    total=total+money;
    printf("%d\n",total);
  }
  while (total>0);
}
```

6.

```
#include <stdio.h>
main()
{  int num,max,min,sum=0,i;
1  printf("Enter 5 numbers : \n");
2  for (i=0;i<5;i++)
3  {
4     scanf("%d",&num);
5     if (i==0)
6         max=min=num;
7     else if (max<num)
8             max=num;
9         else if (min>num)
10                min=num;
11    sum=sum+num;
12 }
13 printf("Max : %d, Min : %d, Average : %d\n",max,min,sum/5);
}
```

※ max=min=num;의 의미는 min=num; max=num;을 합성한 것이다. 그리고 처리과정은 다음과 같다.

max=min=num;   ① → ②의 순서임(즉, 가장 우측부터 실행함)
    ─────①
        ──②

다음은 실행과정에서 메모리 변화를 보여주는 디버깅표이다. 초기화하지 않은 변수의 경우 임의의 값(-345)이 들어있는 것이고, sum은 초기화해서 처음부터 0이다.

step	입력	i	num	max	min	sum	출력
		-345	-345	-345	-345	0	
1						0	
4-0	10	0	10			0	
6-0		0	10	10	10	0	
11-0		0	10	10	10	10	
4-1	20	1	20	10	10	10	
8-1		1	20	20	10	10	
11-1		1	20	20	10	30	
4-2	15	2	15	20	10	30	
11-2		2	15	20	10	45	
4-3	45	3	45	20	10	45	
8-3		3	45	45	10	45	
11-3		3	45	45	10	90	
4-4	5	4	5	45	10	90	
10-4		4	5	45	5	90	
11-4		4	5	45	5	95	
13		5	5	45	5	95	Max:45 Min:5 Aver:19

디버깅

이제부터 위의 예제를 이용하여 디버깅하는 방법을 상세히 설명한다.

1. Build → Start Debug → Step into(F11)

   하단 우측 Watch창에 변수를 등록(Name 칸)한다.

2. Debug → Step Over(F10)

화살표가 있는 세 번째 라인 한 줄 아래로 이동된다. Watch창에 sum=0을 확인한다. 내용 없는 실행창이 뜬다.

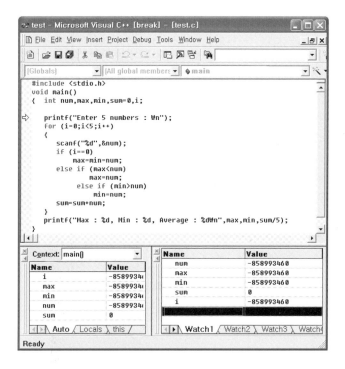

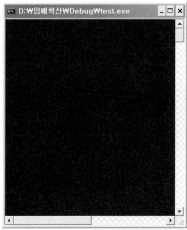

3. F10 누르면 실행창에 출력문이 나온다. 화살표가 계속 이동된다. watch창에 i값이 0으로 수정된다.

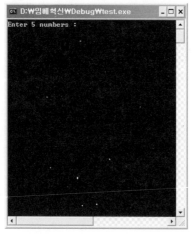

4. 실행창에서 10을 입력하고 F10를 반복해서 누르면서 Watch창의 변수값의 변화를 확인한다.

5. F10을 누르면서 실행창에 20을 입력하고 Watch창의 변수를 확인한다. num=20, max보다 큰 수가 입력되었으므로 if (num >max)을 만족하여 max=20, 누적하여 sum=30이 된다. F10을 누르면서 실행창에 15를 입력하고 Watch창의 변수를 확인한다. num=15, max보다 크지 않으므로 max는 그대로이고, 역시 min보다 작지 않으므로 sum=45로 누적된다.

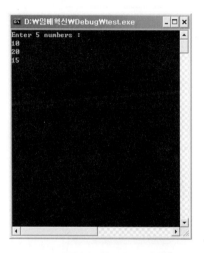

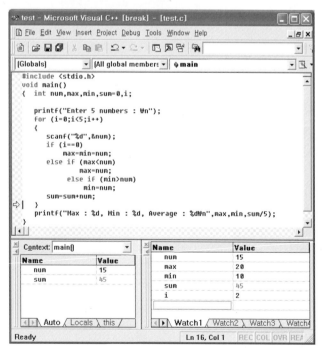

6. F10 누르고 실행창에 45를 입력하면 num=45, max보다 큰 수가 나왔으므로 max=45로
변경되고 sum=90이 된다.

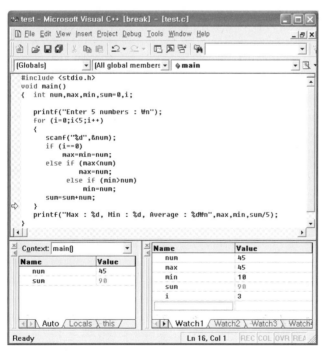

7. F10을 누르고 실행창에 5를 입력하면 min보다 작으므로 min=5로 변경되고 sum=95로 누적된다.

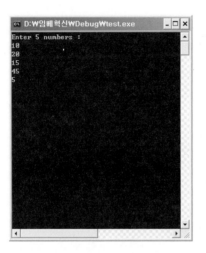

8. i가 5가 되어 반복문의 조건인 (i<5)가 거짓이 되어 반복문이 종료되고 계산결과를 출력한 후 프로그램이 종료된다.

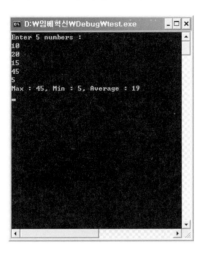

9. Debug → Stop Debugging을 눌러서 디버깅을 종료한다.

→ 도전문제 (123쪽)

```
#include <stdio.h>
main()
{ int rep=1,like,com_cnt,hope_hgt,hope_chr,next_meet,best_cnt;
  char type;

  while (rep == 1)
  { printf("당신은 나에게 호감이 있나요?  맞으면 1,  틀리면 0\n");
    scanf("%d",&like);
    while (like !=1 && like != 0)
    { printf("다시 입력하세요 \n");
      scanf("%d",&like);
    }
    if (like ==1)
    { printf("대화횟수를 입력하세요 \n");
      scanf("%d",&com_cnt);
      if (com_cnt > 5)
      { printf("어떤점이 좋은가요?  1.성격 2.외모 3.능력 4.배경\n");
        scanf("%d",&best_cnt);
        if (best_cnt == 1)
        {  type = 'S';
           printf("만날날을 입력하세요 \n");
           scanf("%d",&next_meet);
        }
        else type = 'L';
      }
      else
      { type = 'P';
        printf("만날날을 입력하세요 \n");
        scanf("%d",&next_meet);
      }
```

```
    }
    else
    { printf("호감형의 키를 입력하세요 \n");
      scanf("%d",&hope_hgt);
      printf("호감형의 성격을 입력하세요 1.명쾌 2.차분 3.세심 4.  천지\n");
      scanf("%d",&hope_chr);
      if (hope_hgt >=160 && hope_chr == 1)
      { type = 'D';
        printf("만날 날을 입력하세요 \n");
        scanf("%d",&next_meet);
      }
      else type = 'F';
    }
    if (type=='S')
    { printf("천생연분입니다.\n");
      printf("우리는 %d회 만났으니 다음 번에 %d일에 만납시다\n",com_cnt,next_meet);
    }
    else if (type == 'L')
            printf("당신의 호감을 거절합니다.\n");
        else if (type =='P')
          { printf("대화기회를 늘리시고 심사숙고하세요.\n");
             printf("우리는 %d회 만났으니 다음 번에 %d일에 만납시다\n",com_cnt,next_meet);
          }
          else if (type == 'D')
                { printf("당신의 짝은 바로 나.\n");
                   printf("다음 번에 %d일에 만납시다\n",next_meet);
                }
                else printf("주변에서 당신의 호감형을 찾아보죠 \n");
    printf("다시 시작하시겠습니까?  맞으면 1  아니면 0\n");
    scanf("%d",&rep);
  }
  printf("종료합니다.  수고하셨습니다.\n");
}
```

배 열

CH 01   배열 정의 (133쪽)

1.

```c
#include <stdio.h>
main()
{
  int num;
  scanf("%d",&num);
  printf("%d",num);
}
```

2.

```c
#include <stdio.h>
main()
{
  int num[3],i;
  for (i=0;i<3;i++)
    scanf("%d",&num[i]);
  printf("%d",num[1]);
}
```

3.

```c
#include <stdio.h>
main()
{
```

```
    int num[3],i,find;
    for (i=0;i<3;i++)
       scanf("%d",&num[i]);
    printf("What number ?\n");
    scanf("%d",&find);
    printf("%d",num[find-1]);
}
```

4.

```
#include <stdio.h>
main()
{
    int num[3],i;
    for (i=0;i<3;i++)
       scanf("%d",&num[i]);
    for (i=0;i<3;i++)
       printf("%d ",num[i]);
}
```

문자열 기본 (139쪽)

1.

```
#include <stdio.h>
main()
{
    char ch;
    scanf("%c",&ch);
    printf("%c",ch);
}
```

2.

```c
#include <stdio.h>
main()
{
   char ch[3];
   int i;
   for (i=0;i<3;i++)
      scanf("%c",&ch[i]);
   printf("%c",ch[1]);
}
```

3.

```c
#include <stdio.h>
main()
{
   char ch[3];
   int i,find;
   for (i=0;i<3;i++)
      scanf("%c",&ch[i]);
   printf("What number ?\n");
   scanf("%d",&find);
   printf("%c",ch[find-1]);
}
```

4.

```c
#include <stdio.h>
main()
{
   char ch[3],i;
```

```
    for (i=0;i<3;i++)
        scanf("%c",&ch[i]);
    for (i=0;i<3;i++)
        printf("%c",ch[i]);
}
```

CH 03 문자열 추가 (145쪽)

1.

```
#include <stdio.h>
main()
{
    char str[21];
    scanf("%s",str);
    printf("%c",str[1]);
}
```

2.

```
#include <stdio.h>
main()
{
    char str[21]="happy";
    printf("%s",str);
}
```

3.

```
① gets(str);
② str[i]
③ if (i % 5 == 4)
    printf("\n");
```

CH 04 **2차원 문자열** (151쪽)

1.

```
#include <stdio.h>
main()
{
   char name[3][9];
   int i,what;
   for (i=0;i<3;i++)
     gets(name[i]);
   printf("What Number ? \n");
   scanf("%d",&what);
   puts(name[what-1]);
}
```

2.

```
#include <stdio.h>
main()
{
   char word[3][20];
   int i;
   for (i=0;i<3;i++)
     scanf("%s",word[i]);
   for (i=0;i<3;i++)
     if (word[i][0] == 'h')
       printf("%s\n",word[i]);
}
```

3.

```
#include <stdio.h>
main()
{ char name[3][9];
  int i, age[3];
  for (i=0;i<3;i++)
  { printf("이름 : ");
    scanf("%s",name[i]);
    printf("나이 :");
    scanf("%d",&age[i]);
  }
  printf("번호  name age adult\n");
  for (i=0;i<3;i++)
  { printf("%d.%8s  %3d ",i+1,name[i],age[i]);
    if (age[i] > 18) printf("Y\n");
    else printf("N\n");
    /* printf("%s",(age[i]>18)?"Y\n":"N\n");과 if문이 같은 효과임*/
  }
}
```

CH 05 2차원 숫자열 (159쪽)

1.

```
include <stdio.h>
main()
{
  int weight[3][5];
  int i,j;
  for (j=0;j<3;j++)
     for (i=0;i<5;i++)
```

```
        scanf("%d",&weight[j][i]);
  for (j=0;j<3;j++)
    { for (i=0;i<5;i++)
        printf("%d ",weight[j][i]);
      printf("₩n");
    }
}
```

CH 06 **종합문제** (160쪽)

1.

step	num					i	Over20	출력
	0	1	2	3	4			
1	35	26	3	24	13	5	0	35 26 3 24 13
3-0						0	1	
3-1						1	2	
3-2						2	2	
3-3						3	3	
3-4						4	3	
4						5	3	20보다 큰 수는 3개입니다

2.

step	str												i	cnt_e	출력
	0	1	2	3	4	5	6	7	8	9	10	11			
1	E	v	e	r	y	o	n	e		!	0		–	0	Everyone !
3-0													0	0	
3-1													1	0	
3-2													2	1	
3-3													3	1	
3-4													4	1	
3-5													5	1	
3-6													6	1	
3-7													7	2	
3-8													8	2	
3-9													9	2	
4													10	2	e는 2회 나옵니다

3.

① [3][9] ② [3] ③ 3 ④ name[i]
⑤ &age[i] ⑥ 3 ⑦ name[i] ⑧ age[i]

디버깅표: 소스를 잘 이해하기 위해 참고하길 바란다.

step	name[0]	name[1]	name[2]	age[0]	age[1]	age[2]	i	출력	입력
1-0							0		
2-0							0	이름	
3-0	홍길동						0		홍길동
4-0	홍길동						0	나이	
5-0	홍길동			23			0		23
1-1	홍길동			23			1		
2-1	홍길동			23			1	이름	
3-1	홍길동	홍길자		23			1		홍길자
4-1	홍길동	홍길자		23			1	나이	
5-1	홍길동	홍길자		23	45		1		45
1-2	홍길동	홍길자		23	45		2		
2-2	홍길동	홍길자		23	45		2	이름	
3-2	홍길동	홍길자	홍길순	23	45		2		홍길순
4-2	홍길동	홍길자	홍길순	23	45		2	나이	
5-2	홍길동	홍길자	홍길순	23	45	48	2		48
1-3	홍길동	홍길자	홍길순	23	45	48	3		
7-0	홍길동	홍길자	홍길순	23	45	48	0		
8-0	홍길동	홍길자	홍길순	23	45	48	0	1) 이름은 홍길동이고 나이는 23입니다	
7-1	홍길동	홍길자	홍길순	23	45	48	1		
8-1	홍길동	홍길자	홍길순	23	45	48	1	2) 이름은 홍길자이고 나이는 45입니다	
7-2	홍길동	홍길자	홍길순	23	45	48	2		
8-2	홍길동	홍길자	홍길순	23	45	48	2	3) 이름은 홍길순이고 나이는 48입니다	
7-3	홍길동	홍길자	홍길순	23	45	48	3		

4.

① [3][10]　　　　　② 1　　　　　③ %s　　　　　④ name[i]

디버깅표: 소스를 잘 이해하기 위해 참고하길 바란다.

step	scores[0]			scores[1]			i	j	sub			tot		출력	입력
							0	0	0	0	0	0	0		
3-0	60						0	0	0	0	0	0	0		60
5-0	60						0	0	60	0	0	60	0		
3-1	60	70					1	0	60	0	0	60	0		70
5-1	60	70					1	0	60	70	0	130	0		
3-2	60	70	80				2	0	60	70	0	130	0		80
5-2	60	70	80				2	0	60	70	80	210	0		
8	60	70	80				2	0	60	70	80	210	0	1회평균 70	
3-0	60	70	80	50			0	1	60	70	80	210	0		50
6-0	60	70	80	50			0	1	110	70	80	210	50	수학평균 55	
3-1	60	70	80	50	90		1	1	110	70	80	210	50		90
6-1	60	70	80	50	90		1	1	110	160	80	210	140	과학평균 80	
3-2	60	70	80	50	90	20	2	1	110	160	80	210	140		20
6-2	60	70	80	50	90	20	2	1	110	160	100	210	160	영어평균 50	
8	60	70	80	50	90	20	2	1	110	160	100	210	160	2회평균 80	

➡ **도전문제** (164쪽)

1. 방법 1

step	num					i	j	min	temp	출력
	0	1	2	3	4					
2	35	26	3	24	13					35 26 3 24 13
5						0		0		
7-0						0	1	1		
7-1						0	2	2		
7-2						0	3	2		
7-3						0	4	2		
8	35	26	3	24	13	0	5	2	3	
9	35	26	35	24	13	0	5	2	3	
10	3	26	35	24	13	0	5	2	3	
5						1	5	1		
7-0						1	2	1		
7-1						1	3	3		
7-2						1	4	4		
8	3	26	35	24	13	1	5	4	13	
9	3	26	35	24	26	1	5	4	13	
10	3	13	35	24	26	1	5	4	13	
5						2	5	2		
7-0						2	3	3		
7-1						2	4	3		
8	3	13	35	24	26	2	5	3	24	
9	3	13	35	35	26	2	5	3	24	
10	3	13	24	35	26	2	5	3	24	
5						3	5	3		
7-0						3	4	4		
8	3	13	24	35	26	3	5	4	26	
9	3	13	24	35	35	3	5	4	26	
10	3	13	24	26	35	3	5	4	26	
12	3	13	24	26	35	4	5	4		3 13 24 26 35

2. 방법 2

step	num					i	j	temp	출력
	0	1	2	3	4				
2	35	26	3	24	13				35 26 3 24 13
8-0	26	35				1	1	35	
8-1						1	0		
8-0		3	35			2	2	35	
8-1	3	26				2	1	26	
8-2						2	0		
8-0			24	35		3	3	35	
8-1		24	26			3	2	26	
8-2						3	1		
8-0				13	35	4	4	35	
8-1			13	26		4	3	26	
8-2		13	24			4	2	24	
8-3						4	1		
10						5			3 13 24 26 35

함수

CH 01 **함수 정의** (172쪽)

1.

세 개임. printf(), putchar(), main()

CH 02 **표준 함수** (183쪽)

1.

① strlen(str1)

② strlen(str2)

③ if(cmp==0) printf("The strings are equal.\n");
  else if(cmp<0) printf("%s is less than %s\n", str1, str2);
       else printf("%s is greater than %s\n", str1, str2);

④ strlen(str1) + strlen(str2) < 80

⑤ strcpy(str1, str2);

```
#include <string.h>
#include <stdio.h>
main()
{  int cmp;
   char str1[81], str2[81];
1  printf("Enter the first string: ");
2  gets(str1);
3  printf("Enter the second string: ");
4  gets(str2);
```

```
    /* 문자열의 길이를 출력한다. */
5   printf("%s is %d chars long\n", str1, strlen(str1));
6   printf("%s is %d chars long\n", str2, strlen(str2));
    /* 문자열을 비교한다. **/
7   cmp=strcmp(str1, str2);
8   if(cmp==0) printf("The strings are equal.\n");
9   else if(cmp<0) printf("%s is less than %s\n", str1, str2);
10     else printf("%s is greater than %s\n", str1, str2);
    /*충분한 기억 공간이 있을 때 str1의 끝에 str2를 연결한다. */
11  if(strlen(str1) + strlen(str2) < 80)
12  { strcat(str1, str2);
13    printf("%s\n", str1);
14  }
    /* str2를 str1에 복사한다. */
15  strcpy(str1, str2);
16  printf("%s\n", str1);
}
```

디버깅표

step	str1	str2	strlen (str1)	strlen (str2)	strcmp (str1,str2)	strcat (str1,str2)	strcpy (str1,str2)	출력	입력
2	happy								happy
4	happy	hope							hope
5, 6	happy	hope	5	4				happy is 5 chars long hope is 4 chars long	
9	happy	hope			−1			happy is less than hope	
13	happy hope	hope				happyhope		happyhope	
16	hope	hope					hope	hope	

CH 03 사용자 정의 함수 (194쪽)

1.

1) 함수 이름선언 : int times(int num);

2) 함수 몸체선언 :

```
int times(int num)
  {
     return(num*2);
  }
```

3) 함수 호출 : times(array[i])

2.

```c
#include <stdio.h>
void main(void)
{ void decorate(void); //
  int a=23, b, sum=0;
  double num, times;
  char ch;
  b=25;
  sum=a+b;
  num=10.2;
  times=num * 12.4;
  ch='A';
  decorate(); //
  printf("화이팅 아자 !!$%%^&*#!!  ₩n");
  printf("변수출력%c, %d, %d, %d, %.2f ₩n", ch, a, b, sum, times);
  decorate(); //
}
void decorate(void)
{
  printf("*******************************₩n"); //
  printf("*******************************₩n"); //
}
```

3.

> **→ 실행결과**

```
1
2
4
6
7
5
3
```

지역변수와 전역변수 (200쪽)

1.

> **→ 실행결과**

```
1
```

종합문제 (201쪽)

1.

rand()%99+1

2.

(1) 함수유형 1

```c
#include <stdio.h>
void add(void);
void sub(void);
void mul(void);
void main(void)
{ int menu;
   printf("Enter your choice (1:add,2:sub,3:mul) : ");
```

```
        scanf("%d",&menu);
        switch (menu)
        { case 1 : add();
                     break;
          case 2 : sub();
                     break;
          case 3 : mul();
                     break;
          default : printf("Your choice is Error ");
        }
}
void add(void)
{ int a,b;
  printf("Enter two numbers : ");
  scanf("%d%d",&a,&b);
  printf("result is %d\n",a+b);
}
void sub(void)
{ int a,b;
  printf("Enter two numbers : ");
  scanf("%d%d",&a,&b);
  printf("result is %d\n",a-b);
}
void mul(void)
{ int a,b;
  printf("Enter two numbers : ");
  scanf("%d%d",&a,&b);
  printf("result is %d\n",a*b);
}
```

(2) 함수유형 2

```c
#include <stdio.h>
void add(int x, int y);
void sub(int x, int y);
void mul(int x, int y);
void main(void)
{ int menu,a,b;
  printf("Enter your choice (1:add,2:sub,3:mul) : ");
  scanf("%d",&menu);
  printf("Enter two numbers : ");
  scanf("%d%d",&a,&b);
  switch (menu)
  { case 1 : add(a,b);
             break;
    case 2 : sub(a,b);
             break;
    case 3 : mul(a,b);
             break;
    default : printf("Your choice is Error ");
  }
}
void add(int x, int y)
{
  printf("result is %d\n",x+y);
}
void sub(int x, int y)
{
  printf("result is %d\n",x-y);
}
void mul(int x, int y)
{
  printf("result is %d\n",x*y);
}
```

(3) 함수유형 3

```c
#include <stdio.h>
int add(int x, int y);
int sub(int x, int y);
int mul(int x, int y);
void main(void)
1{ int a,b, menu, cal=0;

2  printf("Enter your choice (1:add,2:sub,3:mul) : ");
3  scanf("%d",&menu);
4  printf("Enter two numbers : ");
5  scanf("%d%d",&a,&b);

6  switch (menu)
7  {
8    case 1 : cal=add(a,b);
9             break;
10   case 2 : cal=sub(a,b);
11            break;
12   case 3 : cal=mul(a,b);
13            break;
14   default : printf("Your choice is Error ");
15 }
16 printf("Result is %d\n",cal);
17 }

18 int add(int x, int y)
19 {
20   return(x+y);
21 }

22 int sub(int x, int y)
23 {
```

```
24    return(x-y);
25 }

26 int mul(int x, int y)
27 {
28    return(x*y);
29 }
```

디버깅표

함수명	step	a	b	menu	cal	x	y	add() sub() mul()	출력	입력
main()	3			1						1
	5	3	4	1						3 4
add()	18					3	4			
	20					3	4	7		
main()	8	3	4	1	7					
	16	3	4	1	7				Result 7	

함수명	step	a	b	menu	cal	x	y	add() sub() mul()	출력	입력
main()	3			3						3
	5	3	4	3						3 4
mul()	26					3	4			
	28					3	4	12		
main()	12	3	4	3	12					
	16	3	4	3	12				Result 12	

※ 함수유형 (3)에 대해서만 디버깅표를 넣었음

구조체

CH 01　구조체 정의 (218쪽)

1.

```c
#include <stdio.h>
void main(void)
{
    struct { char name[8];
             int age; } person;
    scanf("%s", person.name);
    scanf("%d", &person.age);
    printf("이름 %s 나이 %d입니다.", person.name, person.age);
}
```

➡ 코드설명

&person.age에서 &과 . 중 높은 우선순위가 .임. 따라서 person.age가 먼저이고 그 전체에 &가 적용되는 형태임.

2.

```c
#include<stdio.h>
struct date_type { int year;
                   int month;
                   int day; };
void main(void)
{
    struct date_type today;
    scanf("%d%d%d",&today.year,&today.month,&today.day);
```

```
    printf("%d %d %d ₩n", today.year,today.month,today.day);
}
```

3.

```
#include<stdio.h>
struct date_type { int year;
                   int month;
                   int day; };
void prt_day(struct date_type day);
void main(void)
{
   struct date_type today;
   scanf("%d%d%d",&today.year,&today.month,&today.day);
   prt_day(today);
}
void prt_day(struct date_type day)
{ printf("%d %d %d ₩n", day.year,day.month,day.day);
}
```

CH 02 구조체 배열 (227쪽)

1.

```
#include<stdio.h>
struct date_type { int year;
                   int month;
                   int day; };
void main(void)
{ struct date_type today[2];
```

```
    int i;
    for (i=0;i<2;i++)
        scanf("%d%d%d",&today[i].year,&today[i].month,&today[i].day);
    for (i=0;i<2;i++)
        printf("%d %d %d\n", today[i].year,today[i].month,today[i].day);
}
```

CH 03   공용체 (230쪽)

1.

① `printf("a.b.ix = %d\n", a.b.ix);`

② `printf("a.y[4] = %c \n", a.y[4]);`

CH 05   종합문제 (233쪽)

1.

① from   ② to   ③ cntfrom%7   ④ cntto%7   ⑤ cnt

2.

①

```
    int i;
    printf("이름, 나이를 입력하여라 (0:종료)\n");
    for (i=cnt;i<50;i++)
{ fflush(stdin);
    gets(p[i].name);
    if (p[i].name[0]=='0') break;
    scanf("%d",&p[i].age);
    printf("Next Person ..\n");
}
    cnt=i;
```

②
```
   int i;
   printf("%-12s %-4s\n","이름",  "나이");
   for (i=0;i<cnt;i++)
     printf("%-12s %-4d\n",p[i].name,p[i].age);
```

※ **설명:** fflush(stdin)는 stdin(표준입력)의 남은 데이터를 없애주는 기능을 한다. 이를 호출하지 않으면 이전 반복에서 미처리한 값(엔터값)이 영향을 주어 정상적으로 작동하지 않는다(scanf()로 통일해서 사용하면 fflush()를 호출하지 않아도 됨).

%-12s는 여백 포함 12칸에 좌측정렬(음수이므로).

3.

```
#include <stdio.h>
#include <stdlib.h>
#include <string.h>
struct person { char name[12];
                int age;        };
void put_person(void);
void get_person(void);
void find_person(void);
struct person p[50];
int cnt=0;
void main(void)
{ int menu;
  do
  { printf(" Enter Menu : (1:입력 2:출력 3:검색 4:종료)");
    scanf("%d",&menu);
    switch (menu)
     { case 1 : put_person();
                break;
       case 2 : get_person();
                break;
       case 3 : find_person();
```

```
              break;
        default : printf("종료\n");
      }
   }
   while (menu == 1 || menu == 2 || menu == 3);
}

void put_person(void)
{ int i;
   printf("이름, 나이를 입력하여라 (0:종료)\n");
   for (i=cnt;i<50;i++)
   { fflush(stdin);
     gets(p[i].name);
     if (p[i].name[0]=='0') break;
     scanf("%d",&p[i].age);
     printf("Next Person ..\n");
   }
   cnt=i;
}
void get_person(void)
{ int i;
   printf("%-12s %-4s\n","이름", "나이");
   for (i=0;i<cnt;i++)
     printf("%-12s %-4d\n",p[i].name,p[i].age);
}
void find_person(void)
{ int find=0,i;
   char name[12];
   fflush(stdin);
   printf("찾는사람 이름 : ");
   gets(name);
   printf("%-12s %-4s\n","이름", "나이");
```

```
   for (i=0;i<cnt;i++)
      if (strcmp(name,p[i].name)==0)
      { printf("%-12s %-4d\n",p[i].name,p[i].age);
         find=1;
         break;
      }

   if (!find)
      printf("일치하는 데이터가 없음\n");
}
```

4.

```
#include <stdio.h>
#include <stdlib.h>
#include <string.h>
struct person { char name[12];
                char tel[14];
                int age; };
void put_person(void);
void get_person(void);
void find_person(void);
struct person p[50];
int cnt=0;
void main(void)
{ int menu;
   do
   { printf(" Enter Menu : (1:입력 2:출력 3:검색 4:종료)");
      scanf("%d",&menu);
      switch (menu)
         {case 1 : put_person();
                   break;
```

```
        case 2 : get_person();
                break;
        case 3 : find_person();
        break;
        default : printf("종료\n");
      }
    }
    while (menu == 1 || menu == 2 || menu == 3);
}


void put_person(void)
{ int i;
  printf("이름, 전화, 나이를 입력하여라 (0:종료)\n");
  for (i=cnt;i<50;i++)
  { fflush(stdin);
    gets(p[i].name);
    if (p[i].name[0]=='0') break;
    gets(p[i].tel);
    scanf("%d",&p[i].age);
    printf("Next Person ..\n");
  }
  cnt=i;
}
void get_person(void)
{ int i;
  printf("%-12s %-16s %-4s\n","이름", "전화",  "나이");

  for (i=0;i<cnt;i++)
    printf("%-12s %-16s %-4d\n",p[i].name,p[i].tel,p[i].age);
}
void find_person(void)
{ int find=0,i;
  char name[12];
  fflush(stdin);
```

```
    printf("찾는사람 이름 : ");
    gets(name);
    printf("%-12s %-16s %-4s\n","이름", "전화", "나이");
    for (i=0;i<cnt;i++)
       if (strcmp(name,p[i].name)==0)
          {printf("%-12s%-16s%-4d\n",p[i].name,p[i].tel,p[i].age);
           find=1;
           break;
          }
    if (!find)
        printf("일치하는 데이터가 없음\n");
}
```

※ **설명:** 밑줄 그은 부분이 수정된 것임.

포인터

PART 06

CH 01   포인터 정의 (249쪽)

1.

warning C4133: '=' : incompatible types - from 'int *' to 'float *'
와 같은 오류가 나옴. a는 정수형이고 pa는 실수형을 가리키는 포인터라서 pa에 a를 연결시
키는 것은 오류임. 다음은 수정된 소스임.

```c
#include <stdio.h>
void main(void)
{ int a;
  int *pa;
  pa=&a;
  scanf("%d",&a);
  printf("%d",a);
}
```

2.

```c
#include <stdio.h>
void main(void)
{ int a;
  int *pa;
  pa=&a;
  scanf("%d",pa); // scanf("%d",&a); 와 동일함
  *pa=*pa+10 // a=a+10 와 동일함
  printf("%d",a);
}
```

CH 02 포인터 인수 (253쪽)

1.

```
#include <stdio.h>
void func(int *a, int *b); //*
void int main(void)
{ int x=20, y=30;
  func(&x,&y); //*
  printf("main : %d\n",x+y);
}
void func(int *a, int *b) //*
{ *a=*a+10; //*
  *b=*b+10; //*
  printf(" func : %d\n",*a+*b); //*
}
```

◆ 실행결과

func : 70
main : 70

2.

```
int temp;
temp = *x;
*x = *y;
*y = temp;
```

CH 03 포인터와 배열 (264쪽)

1.

```
#include <stdio.h>
void main(void)
{
   char *str="hello", *ds, s[10];
   ds = s;
   while (*ds++ = *str++);
   printf("%s\n",s);
}
```

※ **설명:** while (*ds++=*str++)은 원본처럼 명령문과 조건문이 합성된 경우이고, 한 문자씩 복사하는 것은 동일하다(i가 필요 없어서 몸체 없는 while이 됨).그러나 반복이 종료되면 두 개의 포인터 ds와 str이 모두 끝 문자를 가리키게 되어 ds가 아닌 s로 출력한 것이다.

2.

```
int i;
for(i=0; i<count; i++)
   printf("%d \n", *(p+i) );
```

CH 04 구조체 포인터 (276쪽)

1.

```
#include<stdio.h>
struct date_type { int year;
                   int month;
                   int day; };
void main(void)
```

```
{ struct date_type today, *day_p;
  day_p = &today;
  scanf("%d%d%d",&day_p->year,&day_p->month,&day_p->day);
  printf("%d %d %d ₩n", day_p->year,day_p->month,day_p->day);
}
```

2.

```
#include<stdio.h>
struct date_type { int year;
                   int month;
                   int day; };
void main(void)
{ struct date_type today[2], *day_p;
  int i;
  day_p = today; // 문제1과 차이 나는 부분임. 배열 시작주소를 넘길 때는 & 필요 없음
  for (i=0;i<2;i++)
  {
    scanf("%d%d%d",&day_p->year,&day_p->month,&day_p->day);
    day_p++; // 포인터만 하나 이동하면 다음 구조체 가리킴
  }
  day_p = today; // 다시 초기 위치로 이동시켜야 함
  for (i=0;i<2;i++)
  {
    printf("%d %d %d ₩n", day_p->year,day_p->month,day_p->day);
    day_p++;
  }
}
```

3.

```
#include<stdio.h>
struct date_type { int year;
                   int month;
                   int day; };
void main(void)
{  void setD(struct date_type *date);
   struct date_type today={2006,11,7};
   setD(&today);
   printf("%d %d %d\n",today.year,today.month,today.day);
}
void setD(struct date_type *date)
{
   date->year=2000;
   date->month=11;
   date->day=23;
}
```

➔ 실행결과

```
2000  11  23
```

CH 05 문자 포인터 배열 (281쪽)

1.

```
if (name[i][0]=='E')
  printf("%s\n",name[i]);
```

2. (밑줄 부분이 수정된 부분임)

```c
#include <stdio.h>
#include <string.h>

char *p[][3] = {
    "Red Delicious", "red", "sour",
    "Golden Delicious", "yellow", "sweet",
    "Winesap", "red", "spicy",
    "Gala", "reddish orange", "bitter",
    "Lodi", "green", "mild",
    "Mutsu", "yellow", "strong",
    "Cortland", "red", "salty",
    "Jonathan", "red", "sweet",
    "", "", ""}; /* 배열의 끝을 나타내는 널 문자열 */

void main(void)
{
    int i;
    char apple[80];

    printf("enter name of apple: ");
    gets(apple);

    for(i=0; *p[i][0]; i++)
    { if(!strcmp(apple, p[i][0]))
         printf("%s is %s & %s \n", apple, p[i][1], p[i][2] );
    }

}
```

종합문제 (284쪽)

1.

`struct person *p[50];`를 통해 구조체 포인터 배열로 선언하고, `put_person()`에서 `p[i]->name` 등으로 입력값을 넣는다. 그런데 구조체 포인터들은 아무것도 연결되어 있지 않은 상태이다. 연결 없이 포인터가 가리키는 곳에 값을 넣도록 하여 오류가 발생한 것이다. 이를 올바르게 수정하려면 첫째, 구조체 포인터 배열이 아닌 구조체 배열로 바꾸거나(멤버 접근할 때 `->`에서 `.`으로 변경함) 둘째, 구조체 포인터 배열을 유지하면서 동적으로 메모리를 할당받아서 연결시켜야 한다. 메모리를 할당받는 시점은 `put_person()`의 반복문 안에서 `p[i]->name` 등으로 입력 값을 넣기 전이다. 두 번째 방법은 8부에서 설명한다.

첫 번째 방법

```c
#include <stdio.h>
#include <stdlib.h>
#include <string.h>
struct person { char name[12];
                char tel[14];
                int age;        };
void put_person(void);
void get_person(void);
void find_person(void);
struct person p[50];
int cnt=0;
void main(void)
{ int menu;
  do
  { printf(" Enter Menu : (1:입력 2:출력 3:검색 4:종료)");
    scanf("%d",&menu);
    switch (menu)
    { case 1 : put_person();
               break;
      case 2 : get_person();
               break;
```

```
          case 3 : find_person();
                    break;
          default : printf("종료\n");
       }
    }
    while (menu == 1 || menu == 2 || menu == 3);
}
void put_person(void)
{ int i;
    printf("이름, 전화, 나이를 입력하시오 (0:종료)\n");
    for (i=cnt;i<50;i++)
    { fflush(stdin);
      gets(p[i].name);
      if (p[i].name[0]=='0') break;
      gets(p[i].tel);
      scanf("%d",&p[i].age);
      printf("Next Person ..\n");
    }
    cnt=i;
}
void get_person(void)
{ int i;
    printf("%-12s %-16s %-4s\n","이름", "전화", "나이");
    for (i=0;i<cnt;i++)
      printf("%-12s %-16s %-4d\n",p[i].name,p[i].tel,p[i].age);
}
void find_person(void)
{ int find=0,i;
    char name[12];
    fflush(stdin);
    printf("찾는사람 이름 : ");
    gets(name);
    printf("%-12s %-16s %-4s\n","이름", "전화", "나이");
```

```
    for (i=0;i<cnt;i++)
    if (strcmp(name,p[i].name)==0)
    { printf("%-12s %-16s %-4d\n",p[i].name,p[i].tel,p[i].age);
       find=1;
       break;
    }
    if (!find)
       printf("일치하는 데이터가 없음\n");
}
```

2.

① word[i][0][0]　　② word[i][1]　　③ word[i][2]

④ word[i][0][0]　　⑤ word[i][0]　　⑥ word[i][2]　　⑦ !success

3.

① str　　　　② num　　　　③ str　　　　④ dec/2

⑤ bin　　　　⑥ bin[i]-48　　⑦ base*2　　⑧ dec

파 일

CH 01 **파일 정의** (298쪽)

1.

"w"로 파일을 여는 경우에는 기존에 파일이 존재하더라도 기존 데이터를 모두 지우고 다시 처음부터 데이터를 쓰지만, "a"로 파일을 여는 경우에는 기존에 파일이 존재한다면 기존 데이터를 모두 보존하면서 맨 뒷부분에 데이터를 추가하는 방식이다.

2.

그렇다

3.

다르다. 정수형 반환하는 함수인 getc()는 EOF인지를 검사해야 하고, 문자포인터 반환하는 함수인 fgets()는 NULL인지를 검사해야 함(본문에서 입출력함수 설명을 참고한다).

CH 02 **파일 쓰기** (306쪽)

1.

```
#include<stdio.h>
#include <stdlib.h>
void main(void)
{
    struct day_type { int yy;
                      int mm;
                      int dd; } day[3];
    FILE *pf;
    int i;

    if  ((pf=fopen("day.txt","w")) == NULL)
```

```
       { printf("Can't open day.txt ");
         exit(0);
       }
       for (i=0; i<3; i++)
         scanf("%d%d%d", &day[i].yy, &day[i].mm, &day[i].dd);
       for (i=0; i<3; i++)
         fprintf(pf,"%d\n%d\n%d\n",day[i].yy,day[i].mm,day[i].dd);
       fclose(pf);
}
```

CH 03 **파일 읽기** (311쪽)

1. (밑줄부분이 수정된 부분임)

```
#include <stdio.h>
#include <stdlib.h>
void main(void)
{
    struct day_type { int yy;
                      int mm;
                      int dd; } day[3];
    FILE *pf;
    int i;
    char str[81];

    if ((pf=fopen("day.txt","r")) == NULL)
    { printf( "Can't open day.txt ");
      exit(0);
    }
    for (i=0; i<3; i++)
    { fgets( str, 80, pf);
      day[i].yy = atoi(str);
      fgets( str, 80, pf);
```

```
        day[i].mm = atoi(str);
        fgets( str, 80, pf);
        day[i].dd = atoi(str);
    }
    for (i=0; i<3; i++)
        printf("%d %d %d\n", day[i].yy, day[i].mm, day[i].dd);
    fclose(pf);
}
```

CH 04 파일 끝 알아내기 (319쪽)

1.

```
#include <stdio.h>
#include <stdlib.h>
void main(void)
{
    struct day_type { int yy;
                      int mm;
                      int dd; } day[3];
    FILE *pf;
    int i;

    if ((pf=fopen("day.txt","r")) == NULL)
    { printf( "Can't open day.txt ");
      exit(0);
    }
    for (i=0; i<3; i++)
        fscanf(pf,"%d%d%d",&day[i].yy,&day[i].mm,&day[i].dd);
    for (i=0; i<3; i++)
        printf("%d %d %d\n", day[i].yy, day[i].mm, day[i].dd);
    fclose(pf);
}
```

2.

    ① "out.txt","r"   ② fscanf(fp,"%s",name) != EOF

CH 05 이진 파일 (329쪽)

1.

```
#include<stdio.h>
#include <stdlib.h>
void main(void)
{
  struct day_type { int yy;
                    int mm;
                    int dd; } day[3]={{1999, 12, 1},{2000,12,2},{2001,12,3}};
  FILE *pf;
  int i;

  if ((pf=fopen("day.txt", "wb")) == NULL)
  { printf( "Can't open day.txt ");
    exit(0);
  }

  if(fwrite(day, sizeof day, 1, pf) !=1)
  { printf("Write error.\n");
    exit(0);
  }

  fclose(pf);

  for (i=0; i<3; i++)
    day[i].yy=day[i].mm=day[i].dd = -1;

  if ((pf=fopen("day.txt", "rb")) == NULL)
```

```
{ printf( "Can't open day.txt ");
   exit(0);
}

if(fread(day, sizeof day, 1, pf) !=1)
{ printf("Read error.\n");
   exit(0);
}

for (i=0; i<3; i++)
   printf("%d %d %d\n", day[i].yy, day[i].mm, day[i].dd);
fclose(pf);

}
```

CH 06 파일 임의 접근 (336쪽)

1.

```
fseek(fpi, loc--, SEEK_SET);
ch = getc(fpi);
putc(ch, fpo);
```

※ **설명:** fseek(fpi, 0L, SEEK_END);과 loc = ftell(fpi);에 의해 파일 끝의 offset을 알아낸 후 끝위치에서 한 칸 앞으로 이동한 지점에서부터 fseek()과 getc() 를 반복한다. fseek()을 반복할 때마다 offset(loc)이 1씩 감소하여 한 칸씩 앞으로 이동된다.

메인함수의 인수 (346쪽)

1.

①
```
if (argc < 4)
{ printf("argument error ₩n");
  exit(0);
}
```

②
```
if ((fpi2=fopen(argv[2],"r"))==NULL)
{ printf("Can't open File₩n");
  exit(0);
}
```

③
```
while ((c=getc(fpi2))!=EOF)
  putc(c,fpo);
```

종합문제 (348쪽)

1.

① (fp=fopen(fn,"ab"))==NULL   ② fwrite(&p,sizeof(p),1,fp);

③ (fp=fopen(fn,"rb"))==NULL   ④ fread(&p,sizeof(p),1,fp)==1

⑤ (fp=fopen(fn,"rb"))==NULL   ⑥ fread(&p,sizeof(p),1,fp)==1

2.

①
```
void save(char *fn);
void load(char *fn);
```

② `save(argv[1]);`

③ `load(argv[1]);`

④
```
if ((pf=fopen(fn,"wb")) == 0)
{ printf("can't open dict \n");
  exit(0);
}
if (fwrite(dict,sizeof dict,1,pf)!=1)
{ printf("can't write dict \n");
  exit(0);
}
fclose(pf);
```

⑤
```
if ((pf=fopen(fn,"rb")) == 0)
{ printf("can't open dict \n");
  exit(0);
}
if (fread(dict,sizeof dict, 1, pf)!=1)
{ printf("can't read dict \n");
  exit(0);
}
fclose(pf);
```

동적 메모리

CH 01   동적 메모리 정의 (360쪽)

1.

```
#include<stdio.h>
#include<malloc.h>
struct date_type { int year;
                   int month;
                   int day;   };
void main(void)
{ struct date_type *day_p;
  day_p=(struct date_type *)malloc(sizeof(struct date_type));
  scanf("%d%d%d",&day_p->year,&day_p->month,&day_p->day);
  printf("%d %d %d ₩n", day_p->year,day_p->month,day_p->day);
  free(day_p);
}
```

2.

```
#include<stdio.h>
#include<malloc.h>
struct date_type { int year;
                   int month;
                   int day;   };
void main(void)
{ struct date_type *day_p[2];
  int i;
```

```
    for (i=0;i<2;i++)
    {  day_p[i]=(struct date_type *)malloc(sizeof(struct date_type));
       scanf("%d%d%d",&day_p[i]->year,&day_p[i]->month,&day_p[i]->day);
    }
    for (i=0;i<2;i++)
       printf("%d%d%d\n",day_p[i]->year,day_p[i]->month,day_p[i]->day);
    for (i=0;i<2;i++)
       free(day_p[i]);


}
```

CH 02 연결 리스트 정의 (364쪽)

1.

```
#include<stdio.h>
void main(void)
{ struct day_t { int yy;
                 int mm;
                 int dd;
                 struct day_t *next;} day1,day2,day3,
                 *p_day;
  p_day=&day1;
  day1.next=&day2;
  day2.next=&day3;
  day3.next=NULL;
  while(p_day)
  { scanf("%d%d%d\n",&p_day->yy,&p_day->mm,&p_day->dd);
    p_day=p_day->next;
  }
  p_day=&day1;
```

```
    while(p_day)
    { printf("%d %d %d\n",p_day->yy,p_day->mm,p_day->dd);
        p_day=p_day->next;
    }
}
```

CH 03 동적 메모리 연결 리스트 (370쪽)

1.

```
#include<stdio.h>
#include<malloc.h>
void main(void)
{ struct day_t { int yy;
                 int mm;
                 int dd;
                 struct day_t *next; } *p_day, *head;
  int i;
  p_day=(struct day_t *)malloc(sizeof(struct day_t));
  scanf("%d%d%d",&p_day->yy,&p_day->mm,&p_day->dd);
  head=p_day;
  for (i=0;i<2;i++)
  { p_day->next=(struct day_t *)malloc(sizeof(struct day_t));
    scanf("%d%d%d",&p_day->next->yy,&p_day->next->mm,&p_day->next->dd);
    p_day=p_day->next;
  }
  p_day->next=NULL;
  p_day=head;
  while(p_day)
  { printf("%d %d %d\n",p_day->yy,p_day->mm,p_day->dd);
    p_day=p_day->next;
  }
}
```

2.

①
```
if((pt = (struct list *)malloc(sizeof(struct list))) == NULL)
{
    printf("Dynamic memory allocation Error!\n");
    exit(0);
}
```
②
```
pt->next=head;
head=pt;
```

3.

```
pt=head;
head=head->next;
free(pt);
```

CH 04 연결 리스트 활용 (381쪽)

1.

①
```
new=(struct score_t *)malloc(sizeof(struct score_t));
scanf("%d",&new->score);
```
②
```
{ new->next=p_score;
  if (p_score == head) // 맨 앞에 삽입되는 경우
    head=new;
  else bp_score->next=new;  // 중간에 삽입되는 경우
  break;
}
```
③
```
{ new->next=NULL;  // 맨 끝에 삽입되는 경우
  bp_score->next=new;
}
```

2.

①

```
scanf("%d", &del);
```

②

```
{ if (p_score == head) // 맨 앞의 것 삭제하는 경우
      head=head->next;
  else bp_score->next=p_score->next; // 중간 것 또는 맨 뒤의 것 삭제하는 경우
  free(p_score);
  break;
}
```

CH 05 종합문제 (385쪽)

1.

```c
#include <stdio.h>
#include <stdlib.h>
#include <string.h>
#include <malloc.h>
struct person { char name[12];
                char tel[14];
                int age;      };
void put_person(void);
void get_person(void);
void find_person(void);
struct person *p[50];
int cnt=0;
void main(void)
{ int menu;
  do
  { printf(" Enter Menu : (1:입력 2:출력 3:검색 4:종료)");
    scanf("%d",&menu);
    switch (menu)
```

```
        { case 1 : put_person();
                   break;
          case 2 : get_person();
                   break;
          case 3 : find_person();
                   break;
          default : printf("종료\n");
        }
    }
    while (menu == 1 || menu == 2 || menu == 3);
    for (i=0;i<cnt;i++)
      free(p[i]);
}
void put_person(void)
{ int i;
    printf("이름, 전화, 나이를 입력하여라 (0:종료)\n");
    for (i=cnt;i<50;i++)
    { p[i]=(struct person *)malloc(sizeof(struct person));
      fflush(stdin);
      gets(p[i]->name);
      if (p[i]->name[0]=='0') break;
      gets(p[i]->tel);
      scanf("%d",&p[i]->age);
      printf("Next Person ..\n");
    }
    cnt=i;
}
void get_person(void)
{ int i;
    printf("%-12s %-16s %-4s\n","이름", "전화", "나이");
    for (i=0;i<cnt;i++)
      printf("%-12s %-16s %-4d\n",p[i]->name,p[i]->tel,p[i]->age);
}
```

```
void find_person(void)
{ int find=0,i;
  char name[12];
  fflush(stdin);
  printf("찾는사람 이름 : ");
  gets(name);
  printf("%-12s %-16s %-4s\n","이름", "전화", "나이");
  for (i=0;i<cnt;i++)
    if (strcmp(name,p[i]->name)==0)
    { printf("%-12s %-16s %-4d\n",p[i]->name,p[i]->tel,p[i]->age);
      find=1;
      break;
    }
  if (!find)
    printf("일치하는 데이터가 없음\n");
}
```

2.

```
if (fwrite(p_score, sizeof(struct score_t), 1,fp)!=1)
  exit(0);
```

3.

①

```
if (fread(p_score,sizeof(struct score_t), 1,fp)!=1)
  exit(0);
```

②

```
if (fread(p_score->next,sizeof(struct score_t), 1,fp)==1)
  p_score=p_score->next;
else free(p_score->next);
```

찾아보기

⁞⁞ 저자 소개

권은경

ekkwon@kaywon.ac.kr
계원조형예술대학 임베디드소프트웨어과 교수

씽킹 다이어리

초판 1쇄 발행 : 2008년 3월   5일
　　2쇄 발행 : 2008년 8월   8일
　　3쇄 발행 : 2011년 1월 10일

지 은 이　권은경
발 행 인　최규학

마 케 팅　전재영, 이대현
본문디자인　우일미디어
표지디자인　Arowa & Arowana

발 행 처　도서출판 ITC
등 록 번 호　제8-399호
등 록 일 자　2003년 4월 15일

주　　　소　경기도 파주시 교하읍 문발리 파주출판단지 535-7
　　　　　　세종출판벤처타운307호
전　　　화　031-955-4353(대표)
팩　　　스　031-955-4355
이 메 일　itc@itcpub.co.kr

ISBN-10 :　89-90758-92-0
ISBN-13 :　978-89-90758-92-7 (93560)

값 20,000원

www.itcpub.co.kr